Das Projekt

P

Die Lernfelder

W0335327

L

Lernfeld 1: Einrichten der Baustelle

Lernfeld 2 Erschließen und Gründen des Bauwerks

Lernfeld 3: Mauern eines einschaligen Baukörpers

Lernfeld 4: Herstellen eines Stahlbetonbauteils

Lernfeld 5: Herstellen einer Holzkonstruktion

Lernfeld 6 Beschichtungen und Bekleidungen

Name:	Klasse:	Datum:

Vervielfältigungen, auch auszugsweise, selbst für Zwecke der eigenen Unterrichtsgestaltung, nur mit Genehmigung des Verlages Handwerk und Technik G.m.b.H., Hamburg

Lernen, ohne zu denken, ist vergebene Mühe.

Dieser Satz stammt von dem chinesischen Staats- und Sittenlehrer **Konfuzius** (551 – 478 vor Chr.) und sollte für jeden die Grundlage des Lernens und Arbeitens sein. Lernen heißt nicht, etwas auswendig lernen, sondern
- sich mit dem Lernstoff auseinander setzen
- den Lernstoff begreifen
- das Gelernte anwenden.

Stures Auswendiglernen hilft nur kurzfristig. Was nur angelernt und nicht verstanden wurde, kann man auch nicht auf andere Bereiche oder Situationen übertragen.
Mit sturem Auswendiglernen kann man sicher auch die eine oder andere gute Note erreichen, ein guter Handwerker mit Fachwissen wird man dadurch aber nicht!

Wie löst man eine Aufgabe?

Die Aufgabe erst einmal richtig lesen.
- Was wird gefragt?
- Welche Aktion (Rechnen, Schreiben, Zeichnen, etwas sammeln oder zusammenstellen usw.) wird gefordert?

Wo bekomme ich notwendige Informationen her?
- aus dem Fachbuch und Tabellenbuch
- aus Aufschrieben
- aus Gesprächen mit Mitschülern
- durch Befragen der Lehrer / Mitarbeiter / Ausbilder
- aus dem Internet
- von Fachverbänden
- aus Prospektmaterial von Firmen

Lösungsweg überlegen
- Was ist zuerst zu tun? Welche Schritte sind notwendig?
- Welche Informationen müssen noch beschafft werden?
- Gibt es mehrere Lösungsmöglichkeiten?
- bei mehreren Lösungsmöglichkeiten das Für und Wider abwägen

Arbeiten mit dem Buch und mit Aufschrieben
- bei geliehenen Büchern: wichtige Informationen rausschreiben
- bei eigenen Büchern: wichtige Informationen farbig kennzeichnen, eventuell Stichpunkte oder Notizen ergänzen

Arbeiten in der Gruppe
- Aufgabe gemeinsam lesen
- Lösungsweg besprechen
- Festlegen, *wer* in der Gruppe *was* zu tun hat.
- Wenn jedes Gruppenmitglied seinen Arbeitsbereich erledigt hat: Besprechung der einzelnen Ergebnisse und gemeinsame Zusammenstellung der Lösung.

Arbeiten im Team heißt nicht nur *arbeiten innerhalb einer Gruppe*, sondern sich auch bei Einzelarbeiten *gegenseitig helfen*, sobald Fragen oder Probleme auftauchen. Je mehr man zusammen arbeitet und über fachliche Themen oder Probleme redet, umso mehr bleibt im Gedächtnis und umso weniger muss man auswendig lernen.

Schreiben? Wozu? Schreiben ist wichtig, denn durch das Schreiben lernt man, sich auszudrücken und Sachverhalte zu formulieren. Schließlich sollen Sie als zukünftiger Fachmann einmal Fragen der Bauherrschaft oder nachfolgender Auszubildender ordentlich beantworten können!

Name:	Klasse:	Datum:

Vervielfältigungen, auch auszugsweise, selbst für Zwecke der eigenen Unterrichtsgestaltung, nur mit Genehmigung des Verlages Handwerk und Technik G.m.b.H., Hamburg

Das Projekt | **Grundriss Untergeschoss**

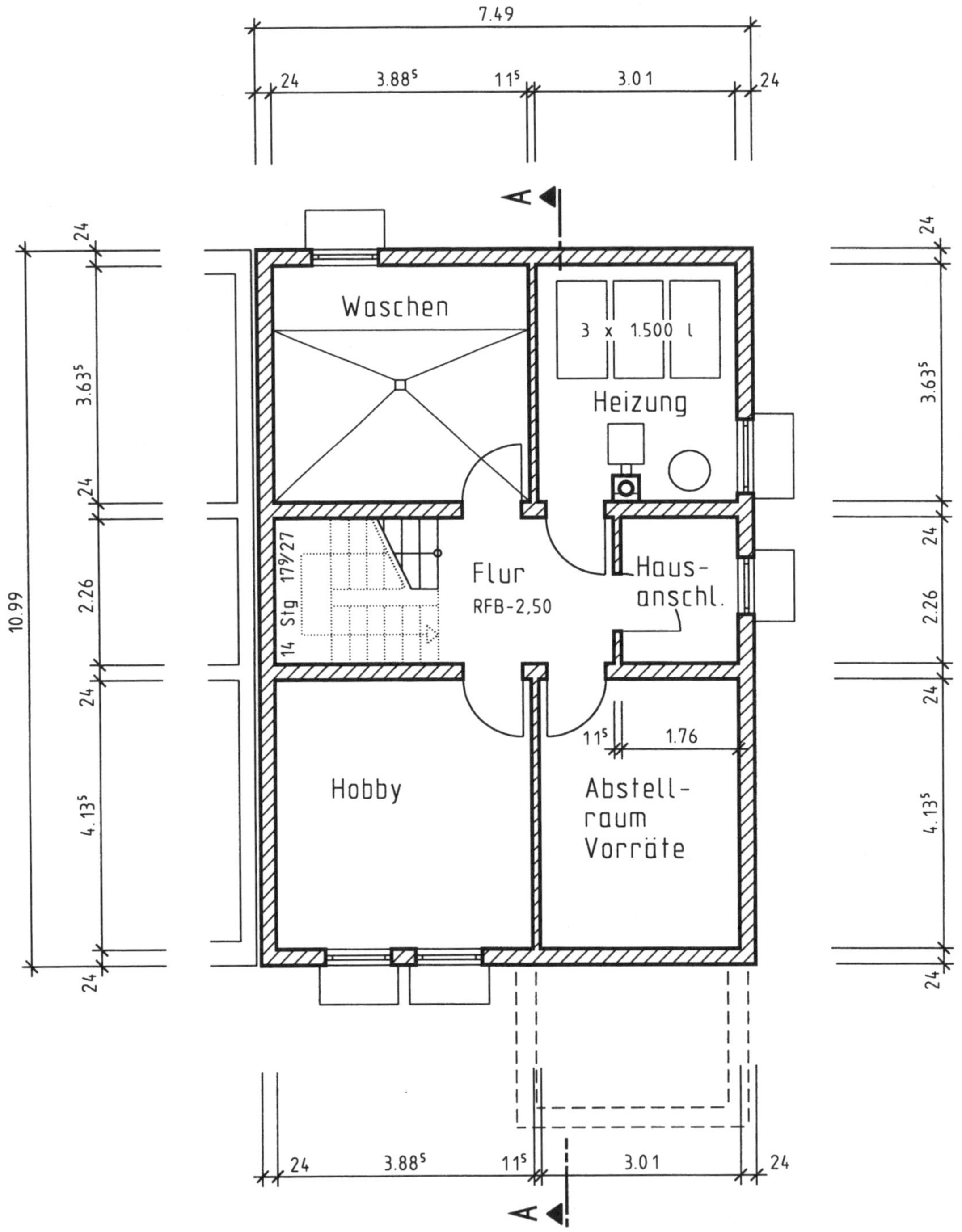

UNTERGESCHOSS M. 1:100

Name: ______ Klasse: ______ Datum: ______

Das Projekt

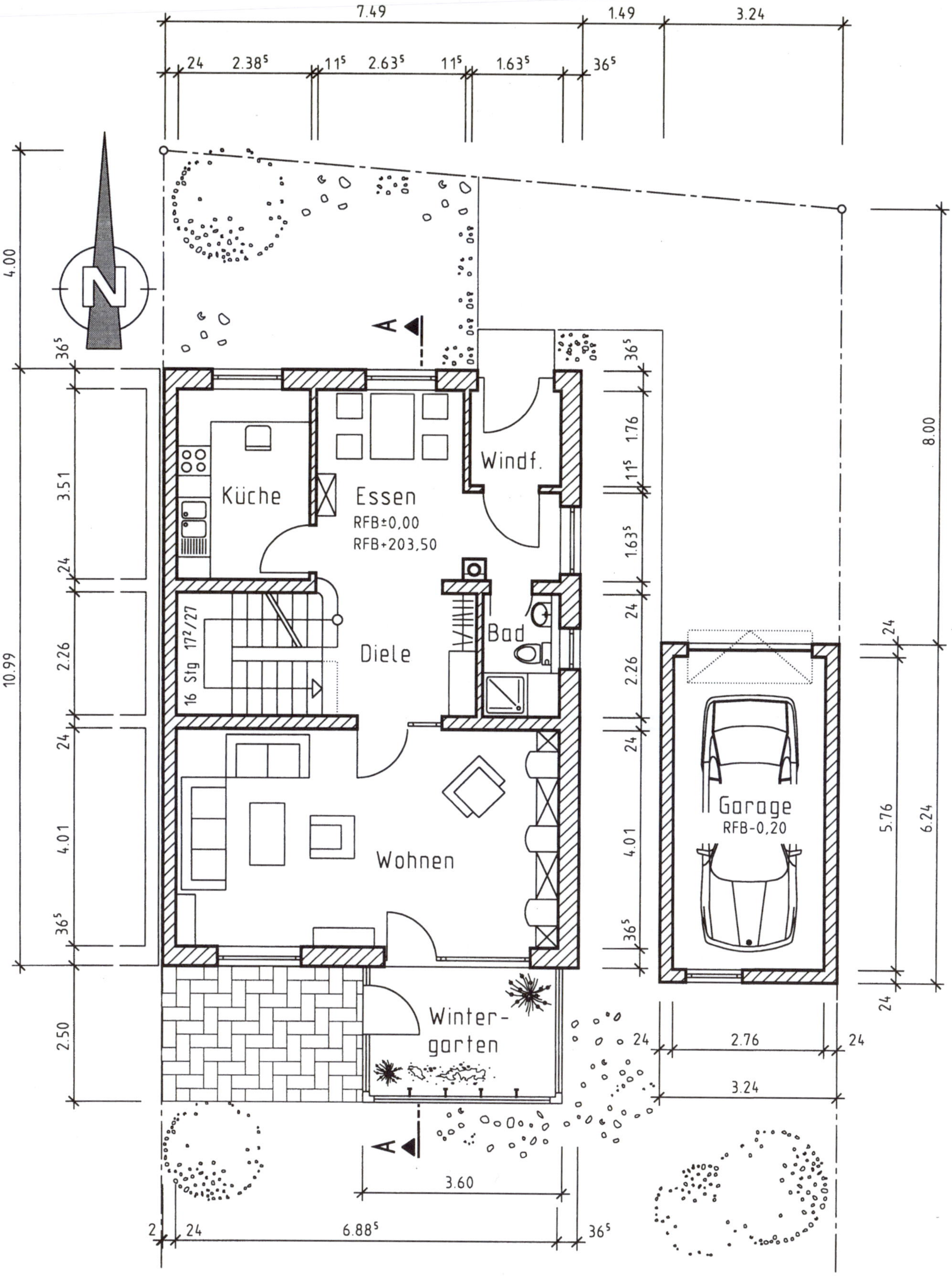

ERDGESCHOSS M. 1:100

Name:

Klasse:

Datum:

Vervielfältigungen, auch auszugsweise, selbst für Zwecke der eigenen Unterrichtsgestaltung, nur mit Genehmigung des Verlages Handwerk und Technik G.m.b.H., Hamburg

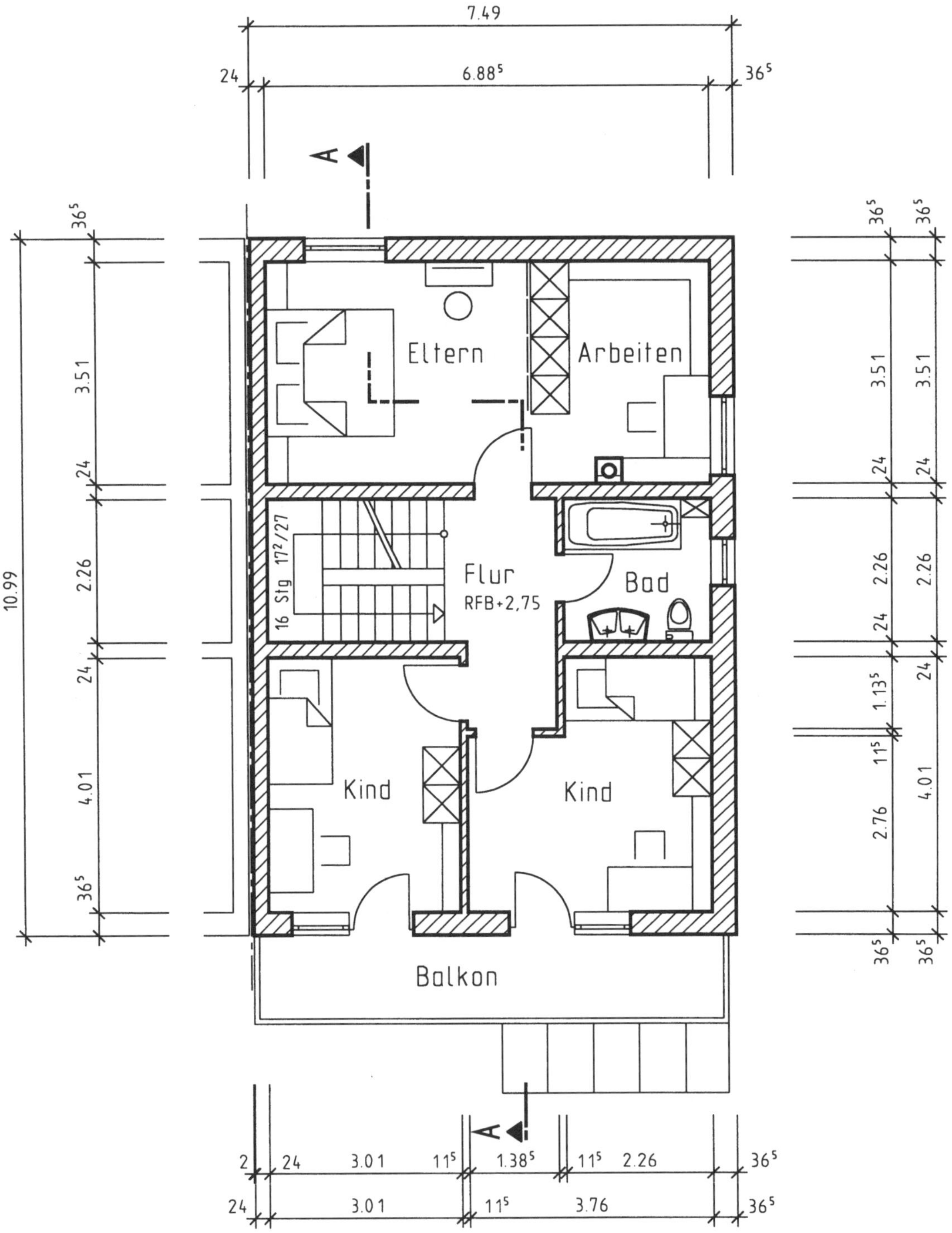

OBERGESCHOSS M. 1:100

Name:

Klasse:

Datum:

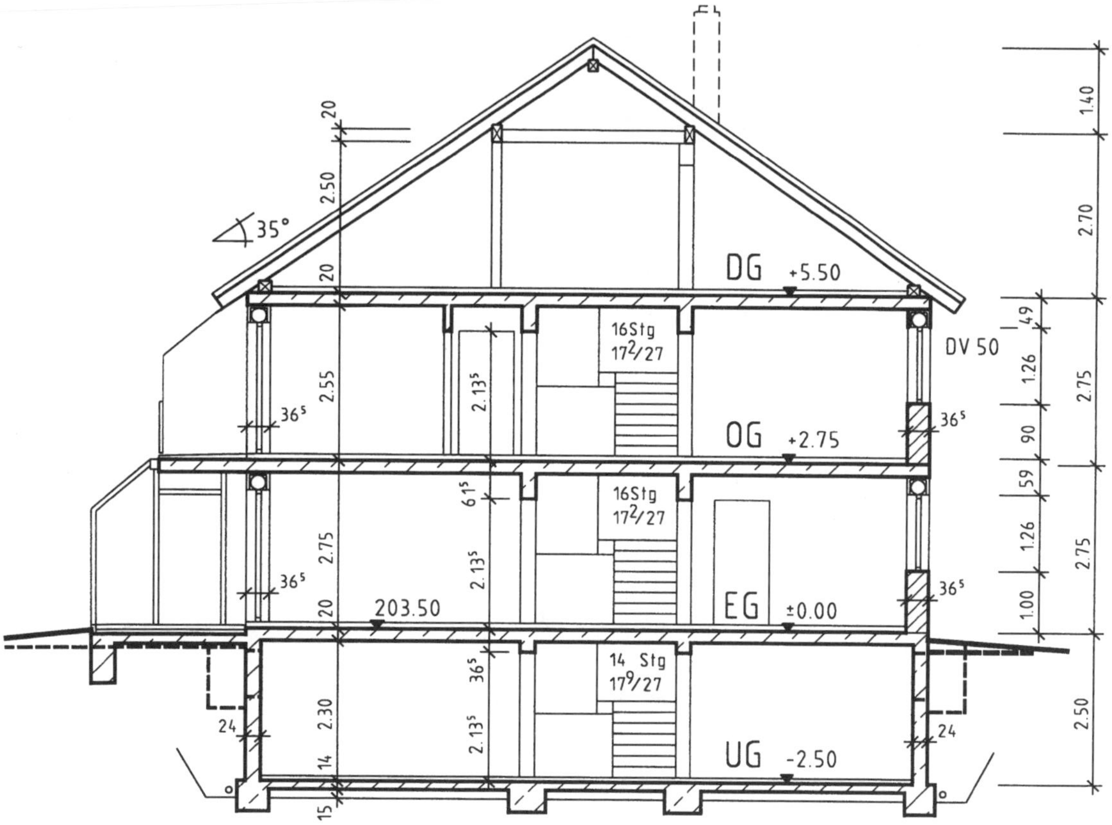

Schnitt A-A M. 1:125

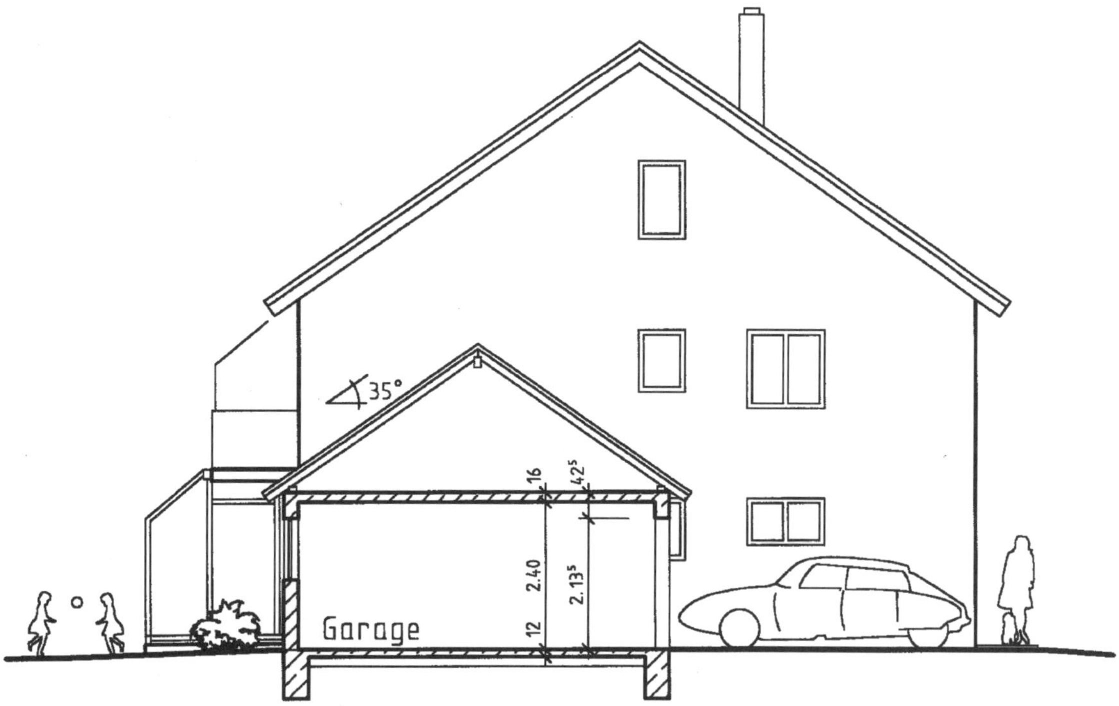

Ansicht von Osten M. 1:125

Name:	Klasse:	Datum:

Vervielfältigungen, auch auszugsweise, selbst für Zwecke der eigenen Unterrichtsgestaltung, nur mit Genehmigung des Verlages Handwerk und Technik G.m.b.H., Hamburg

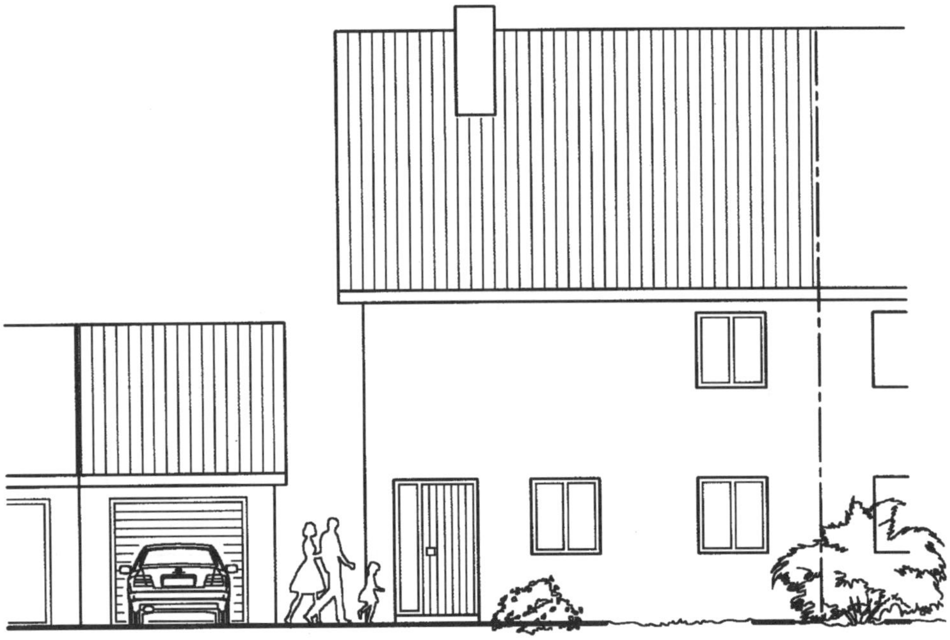

Ansicht von Norden M. 1:125

Ansicht von Süden M. 1:125

Name: ______ Klasse: ______ Datum: ______

1 Einrichten der Baustelle

1. Wer heute ein modernes Haus baut, schaut sich trotzdem gerne Baudenkmäler aus vergangenen Zeiten an. Ordnen Sie die folgenden Bauwerke den Stilepochen Romanik, Gotik, Renaissance, Barock und Klassizismus zu.

____

____

____

____

____

2. Nennen Sie jeweils 5 Bauten innerhalb der Bundesrepublik Deutschland.

a) aus der Zeit der **Romanik**: ______________________

______________________ ______________________

______________________ ______________________

b) aus der Zeit der **Gotik**: ______________________

______________________ ______________________

______________________ ______________________

c) aus der Zeit des **Barock**: ______________________

______________________ ______________________

______________________ ______________________

d) aus der Zeit des **Klassizismus**: ______________________

______________________ ______________________

______________________ ______________________

Name: ______________ Klasse: ______________ Datum: ______________

Vervielfältigungen, auch auszugsweise, selbst für Zwecke der eigenen Unterrichtsgestaltung, nur mit Genehmigung des Verlages Handwerk und Technik G.m.b.H., Hamburg

1 Einrichten der Baustelle

Bauberufe
Baustoffe

1. Welche Bauberufe sind am Bau des Reihenhauses (einschließlich Planung) beteiligt?

2. Warum braucht ein Baufacharbeiter so viele Kenntnisse über die Baustoffe?

3. Warum braucht ein Baufacharbeiter auch Grundkenntnisse in anderen Bauberufen?

Name:	Klasse:	Datum:

1 Einrichten der Baustelle

1. Auf Seite 18 im Fachbuch **Lernfeld Bautechnik / Grundstufe** ist das Grundstück für das Reihenhaus in einem größeren Maßstab dargestellt. Berechnen Sie an Hand der gegebenen Maße das fehlende Maß zwischen der Rückseite des Hauses und der rückseitigen Grundstücksgrenze, um die Größe des Grundstücks berechnen zu können. Machen Sie sich für die Berechnung eine Skizze mit den Maßen.

   Wenn die Bauzeichnung nicht maßstabgerecht ausgedruckt wurde, kann ein fehlendes Maß über oder berechnet werden.

2. Für das Grundstück mussten 181,50 €/m² bezahlt werden. Wie viel € hat das Grundstück gekostet?

3. Die Bauherren können von dem Grundstückspreis 45.000 € sofort aus Rücklagen bezahlen. Wie viel Prozent des Kaufpreises muss über die Bank finanziert werden?

4. Wie viel Prozent des Grundstückes werden einschließlich Garage und Wintergarten bebaut?

Name:	Klasse:	Datum:

Vervielfältigungen, auch auszugsweise, selbst für Zwecke der eigenen Unterrichtsgestaltung, nur mit Genehmigung des Verlages Handwerk und Technik G.m.b.H., Hamburg

5. Das Grundstück ist gekauft. Welche Vorarbeiten sind bis zur Erteilung der Baugenehmigung nötig?

Architekt:

Statiker:

Vermessungsingenieur:

6. Die Baugenehmigung ist erteilt. Welche Arbeiten sind nun zu machen?

7. Der Auszubildende hört während einer Unterhaltung auf der Baustelle das ihm unbekannte Wort *Konventionalstrafe*. Erklären Sie diesen Fachbegriff.

8. Der neue Auszubildende fragt Sie, was ein *Zuschlag* ist. Erklären Sie auch diesen Fachbegriff.

9. Welche Aufgabe hat ein Bauzeitenplan?

10. Besorgen Sie bei Ihrer Bauaufsichtsbehörde die Unterlagen für einen Bauantrag. Schreiben Sie stichwortartig auf, welche Angaben zum Bauvorhaben gemacht und welche Unterlagen eingereicht werden müssen.

Name:	Klasse:	Datum:

1 Einrichten der Baustelle

1. Verbinden Sie die Satzteile so miteinander, dass sich für die Baustelleneinrichtung korrekte Aussagen ergeben.

Die Zufahrt zur Baustelle	sollten außerhalb des Schwenkbereichs des Krans liegen.
Das gesamte Bauwerk	wirken sich auf Kosten aus.
Die Unterkünfte	sollte wetterfest und nicht zu steil sein.
Lange Transportwege	sollten möglichst geschlossen angelegt werden.
Die Zufahrt sollte als	muss im Schwenkbereich des Krans liegen.
Gebäude der Baustelleneinrichtung	Durchfahrt angelegt werden.

2. Welche Fehler wurden bei der Baustelleneinrichtungsplanung gemacht?

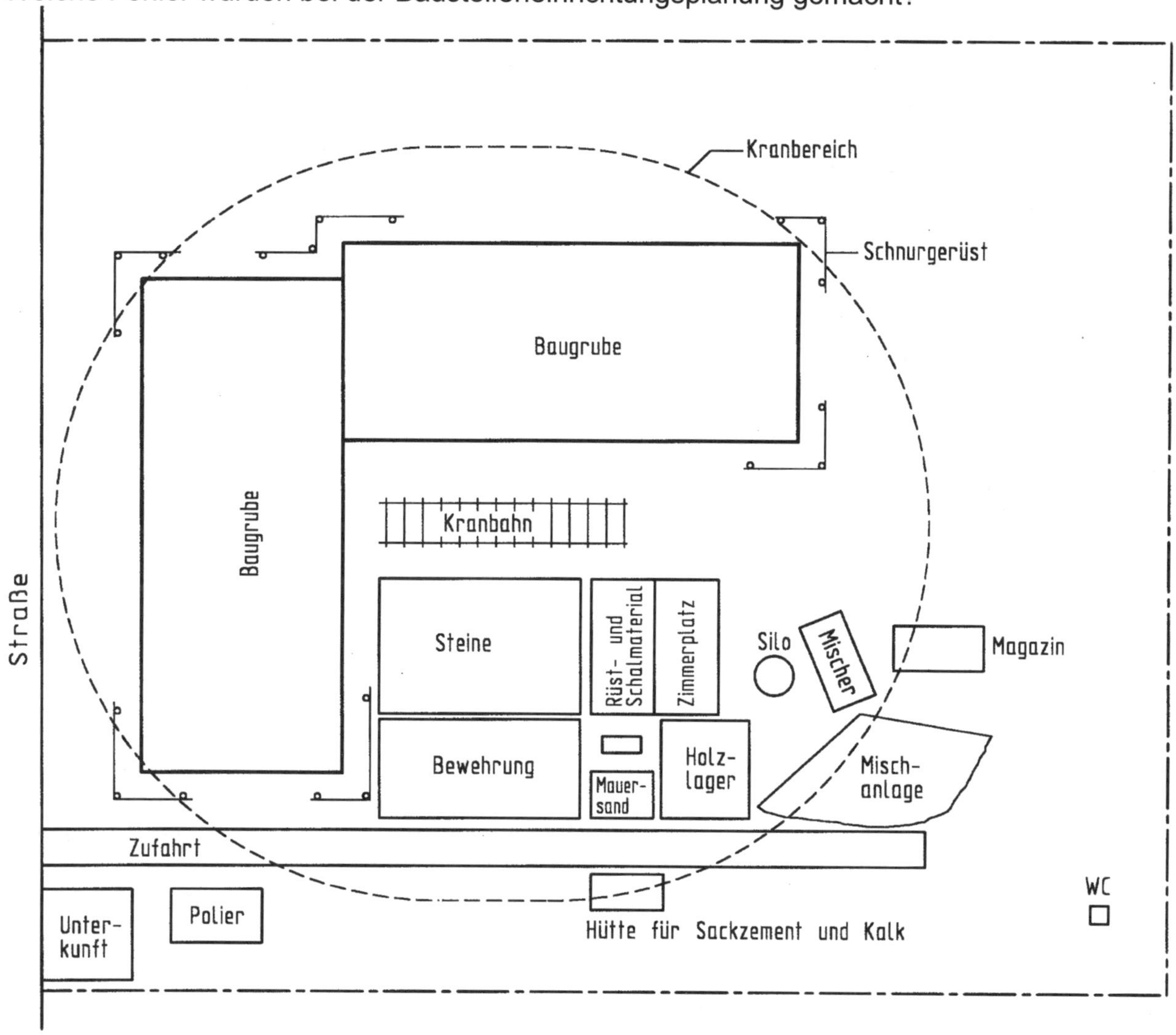

Name:

Klasse:

Datum:

Vervielfältigungen, auch auszugsweise, selbst für Zwecke der eigenen Unterrichtsgestaltung, nur mit Genehmigung des Verlages Handwerk und Technik G.m.b.H., Hamburg

1. Bei welcher der gezeigten Längenmessungen wurde das Messband korrekt angelegt? Welches Ergebnis erhält man für die Strecke zwischen den beiden Stäben?

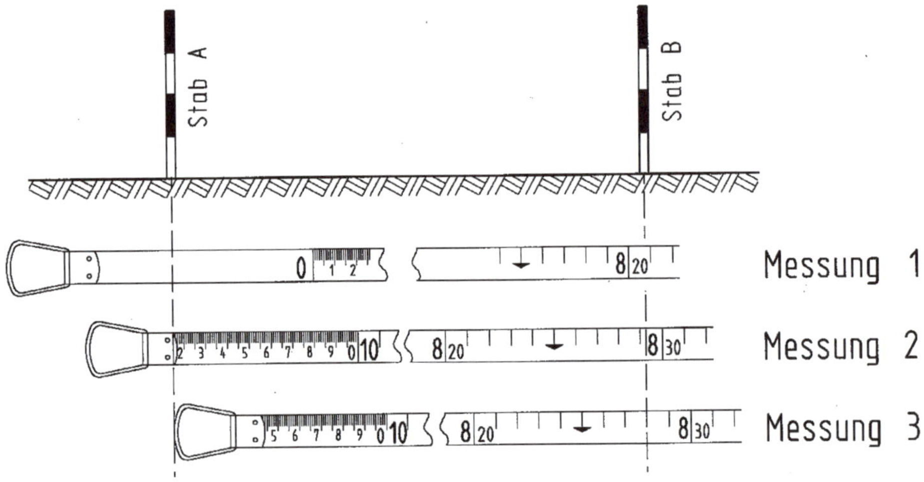

Korrekte Messung ist ______________________ Richtiges Ergebnis: ______________

2. Skizze einer Längenmessung – hier für die Strecke *s* – mithilfe von Messstangen:

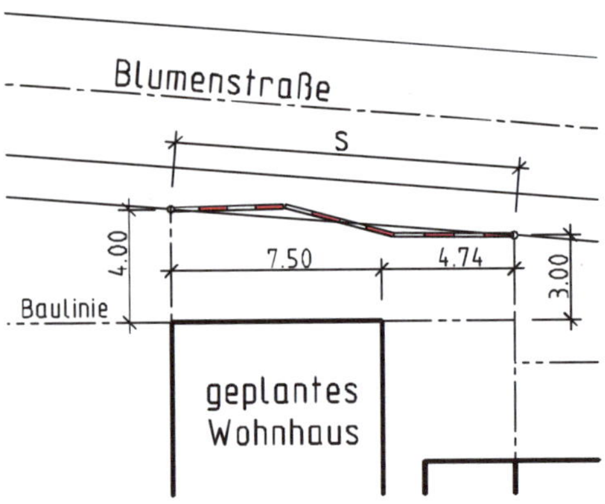

a) Wurden die Messstangen richtig angelegt?

____

b) Wird das abgelesene Ergebnis zu groß oder zu klein?

____

c) Welcher Arbeitsschritt wäre vor der Stangenmessung durchzuführen?

____

d) Berechnen Sie die Strecke zwischen den Grenzpunkten an der Blumenstraße.

____

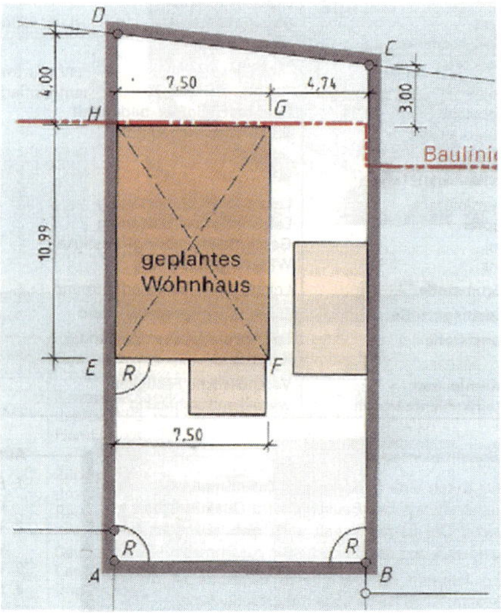

3. Nachdem der Vermesser alle Grenzpunkte und Gebäudeecken mit Pflöcken vermarkt hatte, wird bei der Materiallieferung der Pflock H umgefahren.
Beschreiben Sie schrittweise das Vorgehen zur Wiederherstellung des Punktes H mithilfe des Doppelpentagonprismas.
Mögliche Lösung:

____

Name: ______________ Klasse: ______________ Datum: ______________

1 Einrichten der Baustelle

> **Ohne Handschuhe, verletzt – kein Geld**
>
> ● An einer leeren Tonne zerschnitt sich ein Arbeiter die Hände – er hatte die Schutzhandschuhe nicht übergestreift. Das Arbeitsgericht entschied: **"Keine Lohnfortzahlung, da er die vorgeschriebene und zur Verfügung gestellte Schutzkleidung nicht trug."**
> Az.: 4 Ca 1123/80

1. Zu den allgemeinen Gesundheitsgefahren und Unfallquellen kommen durch den Beruf besondere Gefahren. Nennen Sie Ursachen für Unfälle.

   ____

   ____

   ____

   ____

   ____

   Versicherungen sind nicht dafür da, Gleichgültigkeit zu unterstützen. Die Versicherungsunternehmen müssen nicht bezahlen, wenn

   ____

2. Geben Sie die Bedeutung der Sicherheitsfarben an.

   rot ______________________________

   gelb ______________________________

   grün ______________________________

   blau ______________________________

3. Neben den Sicherheitsfarben spielt auch die Form der Sicherheitszeichen eine Rolle. Für welche Zeichen werden die folgenden geometrischen Formen verwendet?

   ____

   ____

   ____

4. Die folgende Abbildung lädt erst einmal zum Schmunzeln ein, ist aber eine Situation, wie sie leider vorkommen kann – mit u. U. schwersten Verletzungen für die Beteiligten.
   a) Wer macht den größten Fehler und löst eine Kettenreaktion aus?
   b) Wer profitiert von der Situation?
   c) Welche Fehler wurden noch gemacht?

   a) ______________________________

   b) ______________________________

   c) ______________________________

   ____

   ____

   ____

   ____

Name: ______________ Klasse: ______________ Datum: ______________

Vervielfältigungen, auch auszugsweise, selbst für Zwecke der eigenen Unterrichtsgestaltung, nur mit Genehmigung des Verlages Handwerk und Technik G.m.b.H., Hamburg

5. Was haben diese Bauarbeiter falsch gemacht, dass ihnen diese Missgeschicke, die böse Unfallfolgen haben können, passieren?

______________________ ______________________ ______________________

______________________ ______________________ ______________________

6. Leider lässt es sich nicht ganz vermeiden, dass Unfälle passieren. Es muss nicht immer Achtlosigkeit sein, oft führt auch menschliches Versagen dazu. Stellen Sie Grundsätze für das Verhalten bei Unfällen auf.

7. Was ist bei Unfällen mit elektrischem Strom (Netzspannung) zu tun?

8. Auf der Baustelle werden immer mehr Maschinen eingesetzt. Das erhöht natürlich auch die Gefahr, dass mal ein Körperteil abgetrennt wird. Dank der heutigen Medizin können Ärzte die abgetrennten Körperteile meist wieder annähen. Voraussetzung hierfür ist allerdings ein umsichtiges Verhalten im Unglücksfall. Wie können Sie mithelfen, dass die Operation erfolgreich wird?

Name:	Klasse:	Datum:

1. Benennen Sie die nachfolgenden durch ein Symbol oder ein Kurzzeichen dargestellten Böden.

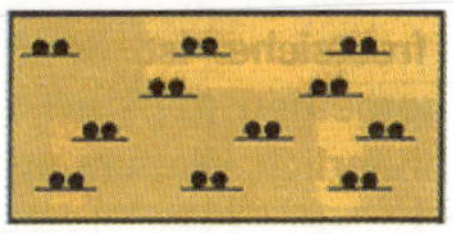 G S 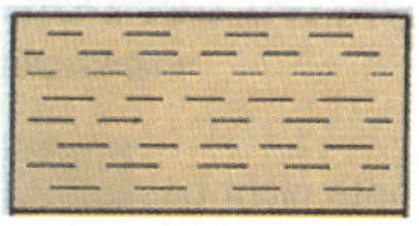 H

______ ______ ______ ______ ______

2. Böden treten in den meisten Fällen in Mischform (Gemenge) auf. Aus welchen einzelnen Böden bestehen

Kiessand ______

Lehm ______

3. Eine Bodenprobe aus den oberen Bodenschichten des Reihenhausgrundstücks fühlt sich mehlig an und lässt sich trocken leicht von den Fingern entfernen.

Um welchen Boden handelt es sich? ______

Welcher Bodengruppe ist dieser Boden zuzuordnen? ______

4. Unterhalb der Fundamente des geplanten Reihenhauses wird in geringer Tiefe stark bindiger Boden angetroffen. Welche Maßnahmen schlagen Sie vor? Begründen Sie Ihren Vorschlag.

______

5. Im Leistungsverzeichnis tauchen die Begriffe *Bodenklasse 1* und *Bodenklasse 4* auf.

a) Erklären Sie die Bedeutung dieser Einteilung.

______

b) Welche Bedeutung hat die Bodenklasse 1?

______

c) Erläutern Sie, weshalb die Angabe der vorhandenen Bodenklasse für den Bauunternehmer von so großer Bedeutung ist.

______

Name: ______ Klasse: ______ Datum: ______

Vervielfältigungen, auch auszugsweise, selbst für Zwecke der eigenen Unterrichtsgestaltung, nur mit Genehmigung des Verlages Handwerk und Technik G.m.b.H., Hamburg

1. Welche Fehler wurden beim Verfüllen des dargestellten Arbeitsraumes gemacht?

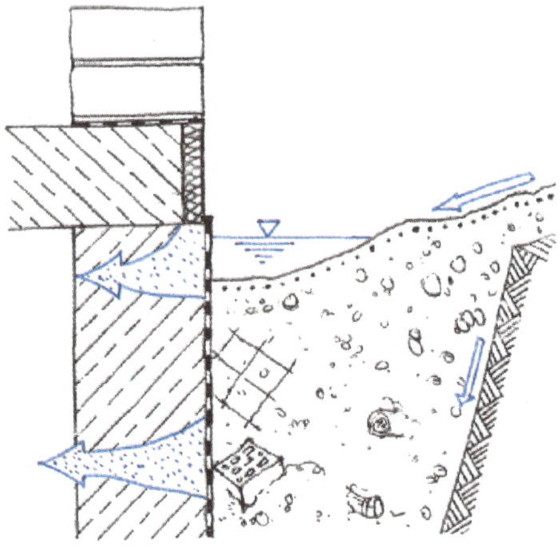

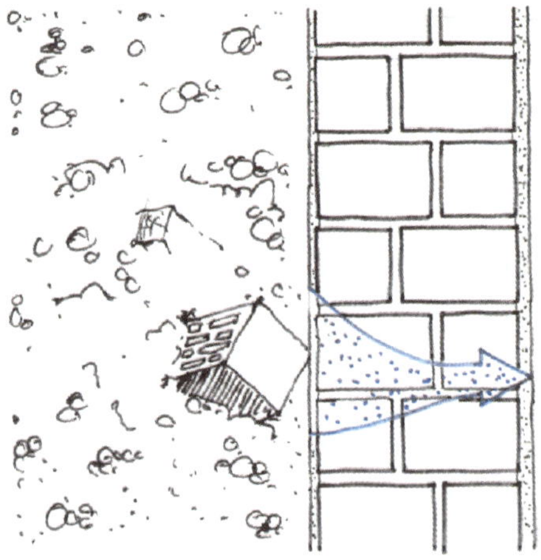

Welche Folgen kann diese Art der Schuttentsorgung für das Gebäude haben?

2. Werten Sie das Nivellement aus. Gesucht ist die Höhe des Pflocks.

Lattenablesung rückwärts	Lattenablesung vorwärts	Höhe der Visur	Höhe des Punktes	Bemerkung
			235,786	HB
1,487				
	1,782			
1,693				
	2,109			
2,130				
	2,367			Pflock

3. Wie groß ist die Ablesung a_2 an der Schlauchwaage?

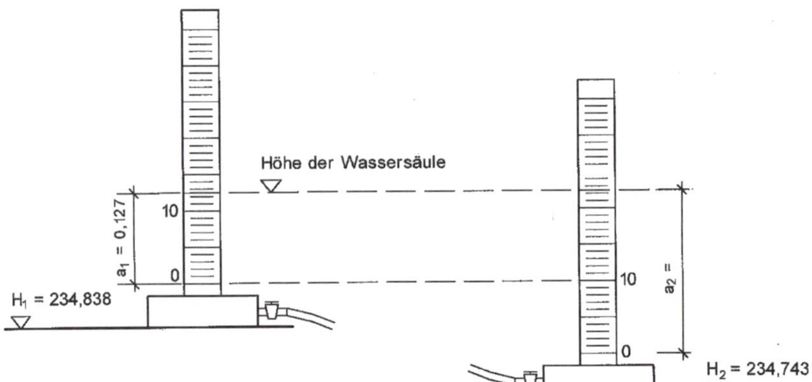

Alle Maßangaben in m, Skala in cm.

Berechnung:

Name: Klasse: Datum:

2 Erschließen und Gründen des Bauwerks

Die Bauherren unseres Reihenhauses überlegen, ob sie auf der Rückseite der Garage das Dach weit überstehen lassen sollen, um Holz für einen offenen Kamin darunter zu lagern oder als Unterstand für die Gartenmöbel an Schlechtwettertagen. Die zusätzlichen Lasten aus dieser Dachverlängerung sollen über zwei Holzstützen in den Baugrund abgeleitet werden. Für die Berechnung des Fundamentes unter der Holzstütze gehen Sie von einem tragfähigen und standfesten Boden mit einem zulässigen Sohldruck (bisher: Bodenpressung) von σ = 300 kN/m² aus.

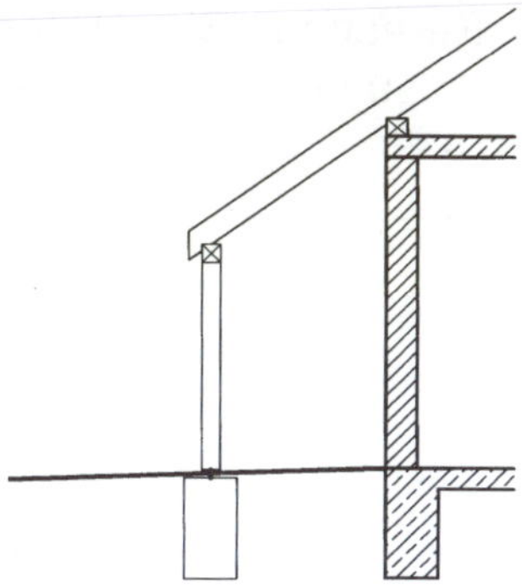

1. Wählen Sie für die Gründung dieser Baumaßnahme eine geeignete Fundamentart.

2. Ermitteln Sie die zulässigen Abmessungen für das Fundament. Stützenfußquerschnitt 14/14 cm, mittige Kraftableitung in das Fundament mit F = 15 kN.

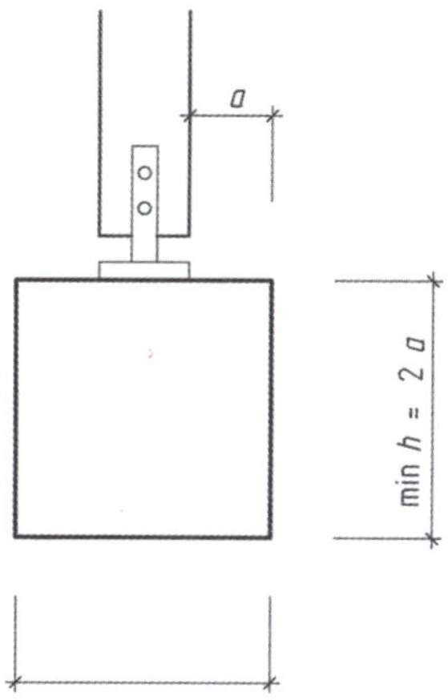

Skizze Stützenfuß/Fundament

3. Überprüfen Sie den vorhandenen Sohldruck nach Ermittlung der Fundamentabmessungen. Rohdichte ρ siehe Tabellenanhang Fachbuch bzw. Tabellenbuch.

4. Beschreiben Sie stichwortartig die Herstellung des Fundamentes.

Name: ______ Klasse: ______ Datum: ______

Vervielfältigungen, auch auszugsweise, selbst für Zwecke der eigenen Unterrichtsgestaltung, nur mit Genehmigung des Verlages Handwerk und Technik G.m.b.H., Hamburg

2 Erschließen und Gründen des Bauwerks

Entwässerung

1. Berechnen Sie die fehlenden Werte für die Höhe der Kanalsohle und das Gefälle, und tragen Sie diese in die Tabelle ein.

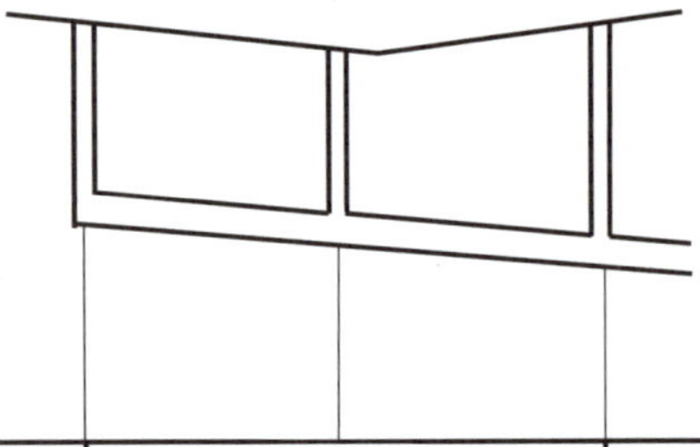

Berechnung:

Straße			Blumenstraße		
Schacht-Nr.	16		16a		17
Abstand		42 m		39 m	
Gefälle		1,5 %			
KD	202,80		201,74		202,05
KS	199,92				198,78

2. Die Grundleitungen wurden verlegt, und Sie sollen die Bodenplatte betonieren.
   a) Warum dürfen Sie noch nicht mit der Arbeit beginnen?
   b) Beurteilen Sie die Verlegung der Grundleitungen!

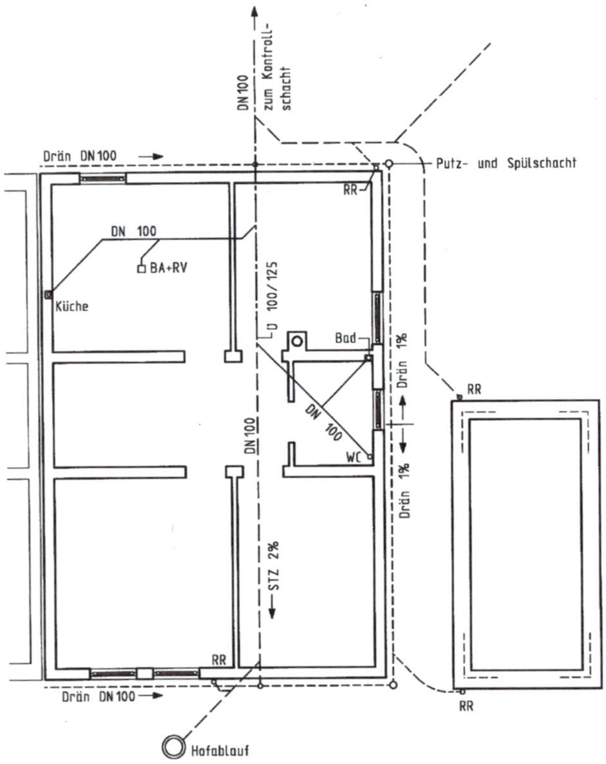

Einfarbige Darstellung der Leitungsarten:

a) ______________________________

b) ______________________________

Name: ____________ Klasse: ____________ Datum: ____________

1. Verkehrsflächen aus Pflaster- oder Plattenbelägen.
   a) Welcher Bereich wird als Untergrund bezeichnet?

   ____

   b) Was ist ein Planum?

   ____

   c) Woraus besteht der Oberbau?

   ____

2. Welches sind die wichtigsten Kriterien für Pflasterklinker?

   ____

   ____

   ____

3. In der Blumenstraße müssen neue Hochbordsteine verlegt werden. Berechnen Sie den Betonbedarf der Bettung für eine Länge von 12,00 m in m³.

   Hinweis: Berechnen Sie die Querschnittsfläche auf 3 Dezimalstellen, damit die Ungenauigkeit durch Runden nicht zu groß wird.

   Lösung mit Skizze
   der Flächenaufteilung:

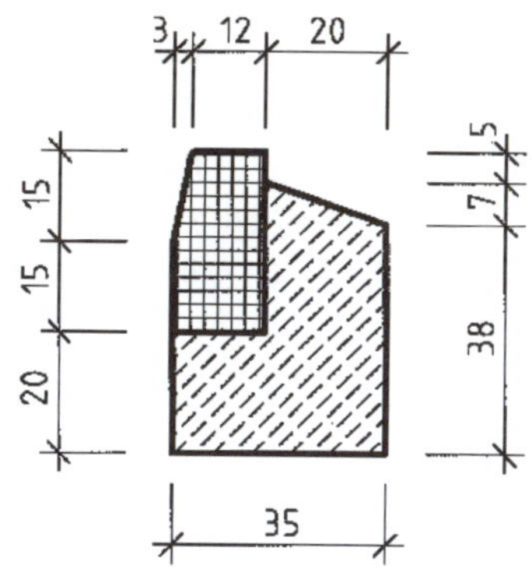

4. Berechnen Sie den Betonbedarf für die Bettung der Hochbordsteine auf eine Länge von 12,00 m.

   Hinweis: Berechnen Sie die Querschnittsfläche auf 3 Dezimalstellen, damit die Ungenauigkeit durch Runden nicht zu groß wird.

   Lösung mit Skizze
   der Flächenaufteilung:

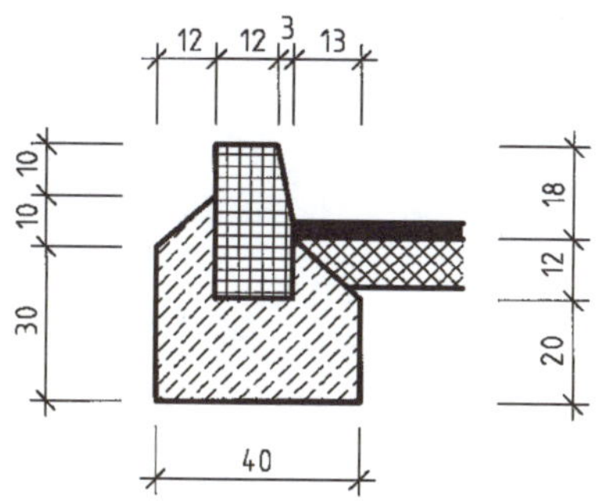

Name: ______________ Klasse: ______________ Datum: ______________

Vervielfältigungen, auch auszugsweise, selbst für Zwecke der eigenen Unterrichtsgestaltung, nur mit Genehmigung des Verlages Handwerk und Technik G.m.b.H., Hamburg

5. Eine Terrasse ist zu pflastern. Leider ist die Reihenfolge der Fotos durcheinander geraten. Nummerieren Sie die Arbeitsschritte in der richtigen Reihenfolge.

Arbeitsschritt
Verlegtes Pflaster sauber abfegen. Dann mit einem Flächenrüttler in mehreren Übergängen von den Rändern beginnend zur Mitte hin standfest rütteln. Bei aneinander grenzenden Flächen mit unterschiedlicher Neigung darf nicht über die Kanten hinweg gerüttelt werden.

Arbeitsschritt
Verlegen der Steine vom Rand her. Antransport und Verlegen der Steine über das bereits verlegte Pflaster. Die Steine sind dabei in gleicher Höhe hammerfest zu versetzen. Die Abweichung von der Soll-Höhe darf nicht mehr als 2 cm betragen.

Arbeitsschritt
Aufbringen der Pflasterbettung aus Brechsand, Splitt, Kies oder Sand der Körnung 0/5 mm. Grobes Verteilen in 3 bis 5 cm Dicke. Einbau von Hilfslehren (bewährt haben sich glatte Rohre) nach vorgeschriebenen Höhen (plus 1 bis 1,5 cm Rüttelmaß) und Querneigungen. Abziehen der Bettung mit Profilbrett. Danach darf das Pflasterbett nicht mehr betreten werden.

Arbeitsschritt
Herstellen und Prüfen der Tragschichten, evtl. nachbessern und ausgleichen. Überprüfen des angelieferten Materials auf Schäden (Verfärbungen, Risse, Abplatzungen, ...)

Arbeitsschritt
Pflaster mit Natursand oder Brechsand einschlämmen und sauber fegen, zur Nachfüllung der Fugen nochmals leicht absanden.

Arbeitsschritt
Angabe des Längs- und Quergefälles durch Schnüre oder Drähte. Dabei sind in Längsrichtung etwa alle drei Meter Schnüre zu spannen und in gleichem Raster die Rechtwinkligkeit zu überprüfen.

6. Geben Sie in Stichworten die Reihenfolge der Arbeitsschritte beim Verlegen von Natursteinpflaster (breite Fuge) an.

Name: ____ Klasse: ____ Datum: ____

3 Mauern eines einschaligen Baukörpers

1. Familie Müller möchte gerne ein Haus bauen. Da sie noch gar keine Vorstellungen von ihrem neuen Heim haben, sollen Sie der Familie verschiedene Möglichkeiten mit den dazugehörigen Varianten, Vor- (+) und Nachteilen (-) aufzeigen. Ein Grundstück ist noch nicht vorhanden.

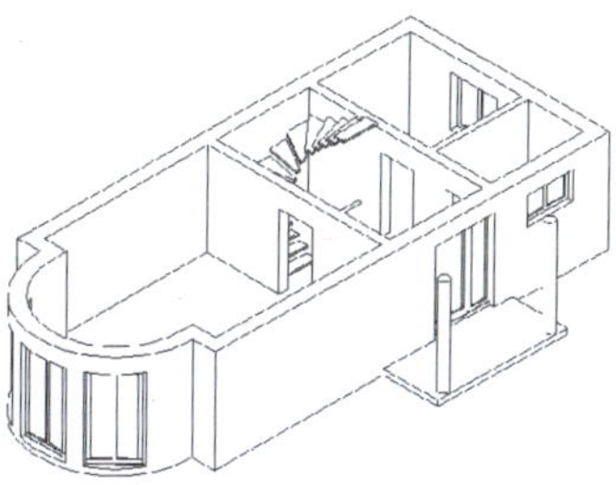

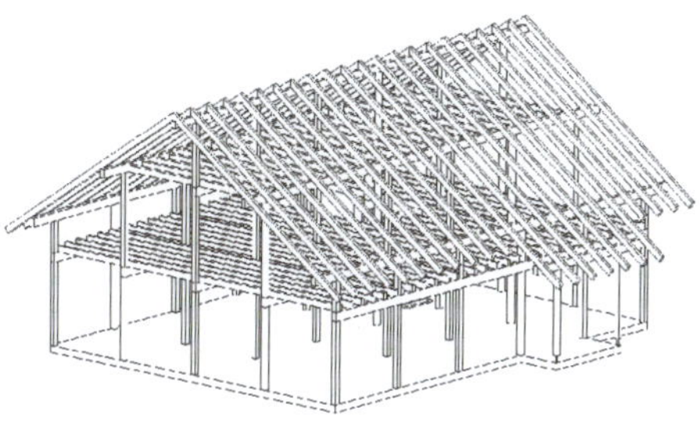

2. Welche Fachgbiete der Bautechnik müssen bei der Planung des Gebäudes und Grundrisses sowie der Bauteile berücksichtigt werden?

Name: Klasse: Datum:

Vervielfältigungen, auch auszugsweise, selbst für Zwecke der eigenen Unterrichtsgestaltung, nur mit Genehmigung des Verlages Handwerk und Technik G.m.b.H., Hamburg

3 Mauern eines einschaligen Baukörpers

Wandarten künstl. Mauersteine

1. Wände können nach unterschiedlichen Kriterien unterteilt werden. Ordnen Sie die verschiedenen Wandarten zu:

Wände

nach der Statik

____

____

____

nach der Lage im Haus

____

____

nach besonderen Aufgaben

____

____

____

2. Welche Wände müssen als Brandwände ausgebildet werden?

____

____

3. Welche Aufgaben müssen gemauerte Außenwände übernehmen?

____

____

____

____

____

____

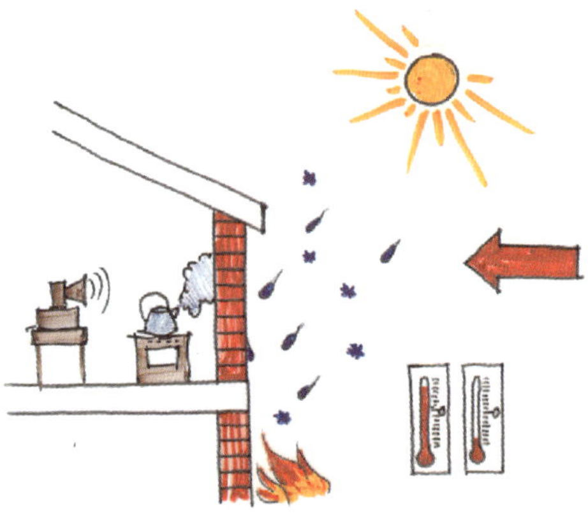

4. Welche Eigenschaften müssen gemauerte Außenwände aufweisen? Informieren Sie sich im Fachbuch **Lernfeld Bautechnik / Grundstufe** (auch bei den ergänzenden Informationen).

____

____

5. Stellen Sie auf einem separaten Blatt (DIN-A4-Querformat) eine Übersicht über künstliche Mauersteine nach folgendem Schema auf:

Gebrannte Steine

	Arten (Kurzbez.)	Herstellung	Eigenschaften (in Stichworten)	Verwendung

Ungebrannte Steine

Name: ______________ Klasse: ______________ Datum: ______________

Mauermörtel

3 Mauern eines einschaligen Baukörpers

1. Für die nachfolgenden Sätze ist jeweils ein Lösungswort zu suchen. Die Buchstaben in dem dick umrandeten Feld ergeben einen Begriff, dessen Bedeutung zu erklären ist.

   1. Wird zum Löschen des Branntkalkes benötigt.
   2. Ausgangsstoff beim Kreislauf des Luftkalkes.
   3. Wird zur Verbindung besonders wärmedämmender Steine gewählt.
   4. Ohne dieses Mittel ist kein Zusammenhalt möglich.
   5. Nichthydraulisches Bindemittel der MG I.
   6. Tritt beim Anmachen trockener Mörtelbestandteile mit Wasser auf.
   7. Zuschlagstoff für Mörtel.
   8. Bei Mörtelspritzarbeiten unbedingt zu tragen.
   9. Ist bei feuchtem Sand größer als bei trockenem Sand.

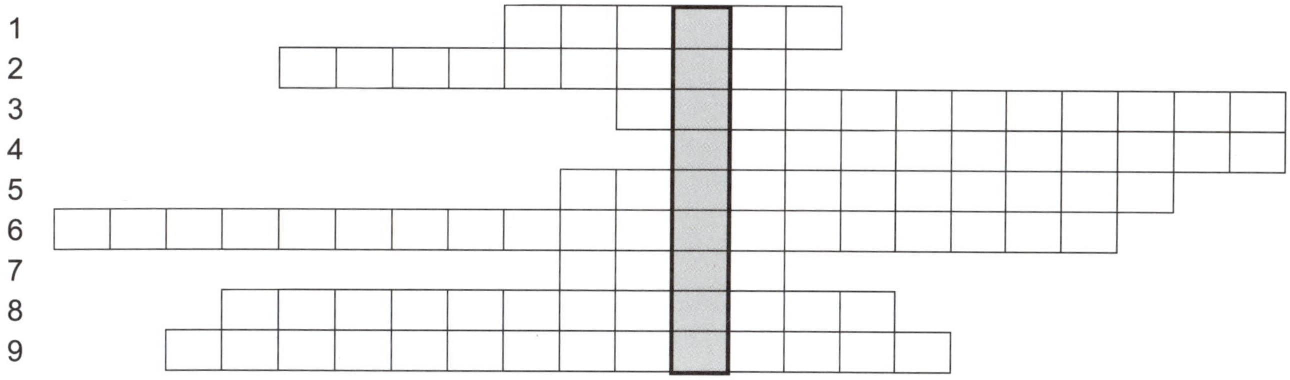

Lösungswort: ____________________

Bedeutung: ____________________

____

2. Die Wände unserer Garage (siehe auch Fachbuch Seite 4 und 6) sollen mit Mauerziegeln HLz – 2DF gemauert werden. Der Mörtel soll auf der Baustelle hergestellt werden, deshalb müssen die Einzelmengen der Mörtelbestandteile ermittelt werden. Die Bindemittel werden in Säcken auf die Baustelle geliefert.

   a) Wählen Sie eine geeignete Mörtelgruppe für den Mauermörtel und nennen Sie die einzelnen Mörtelbestandteile.

   ____

   ____

   b) Berechnen Sie den Mörtelbedarf für alle Wandflächen (mit Skizzen).
   Höhe des Giebeldreiecks: 2,19 m. Fenster nicht abziehen, da < 2,50 m². Trockener Sand.

   Die einzelnen Schritte für die Berechnung (auf Seite 24 ausführen):

   ____

   ____

   ____

   ____

   ____

   ____

   ____

Name:	Klasse:	Datum:

Vervielfältigungen, auch auszugsweise, selbst für Zwecke der eigenen Unterrichtsgestaltung, nur mit Genehmigung des Verlages Handwerk und Technik G.m.b.H., Hamburg

Lösung zu Seite 23:

Skizzen

Berechnung der Wandflächen:

Berechnung des Mörtelbedarfs:

zu bestellen:

Name: Klasse: Datum:

Maßordnung	3 Mauern eines einschaligen Baukörpers

1. Markieren Sie in dem Grundrissausschnitt die Außen-/Pfeilermaße in Gelb, die Innen-/Öffnungsmaße in Rot und die Anbau-/Vorlagenmaße in Blau.

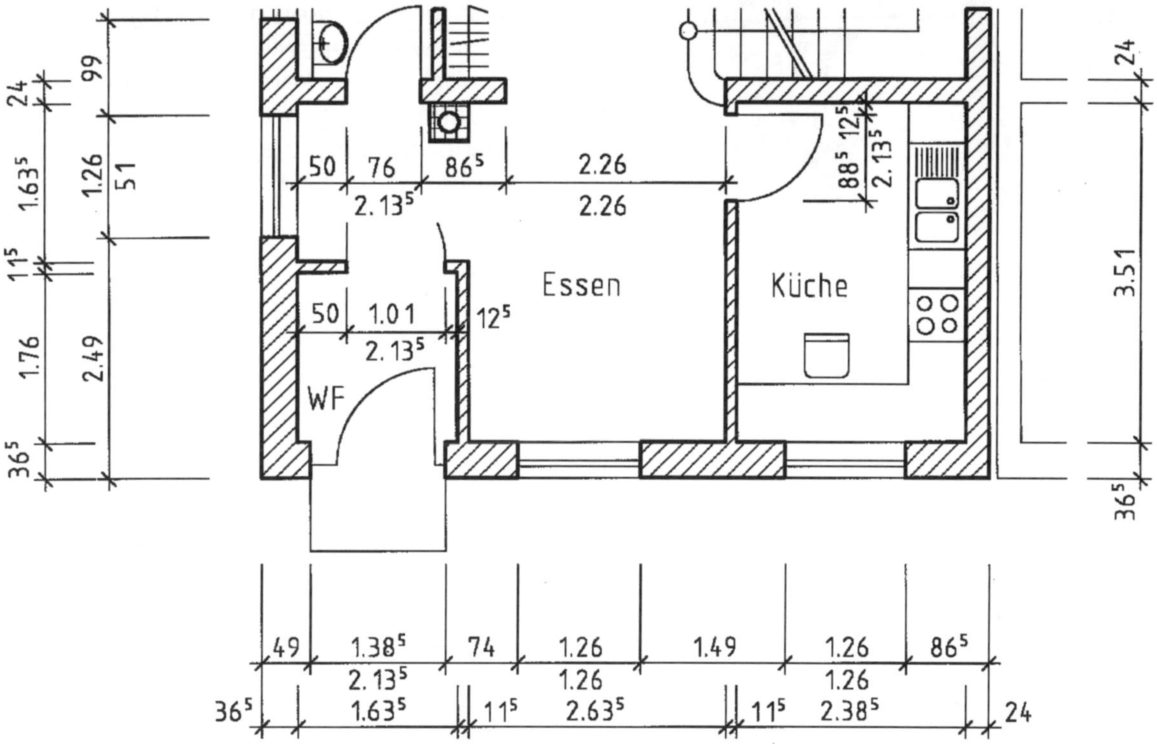

2. Tragen Sie in den Grundrissausschnitt die entsprechenden Baurichtmaße als *am*-Angaben auf die Maßlinien ein.

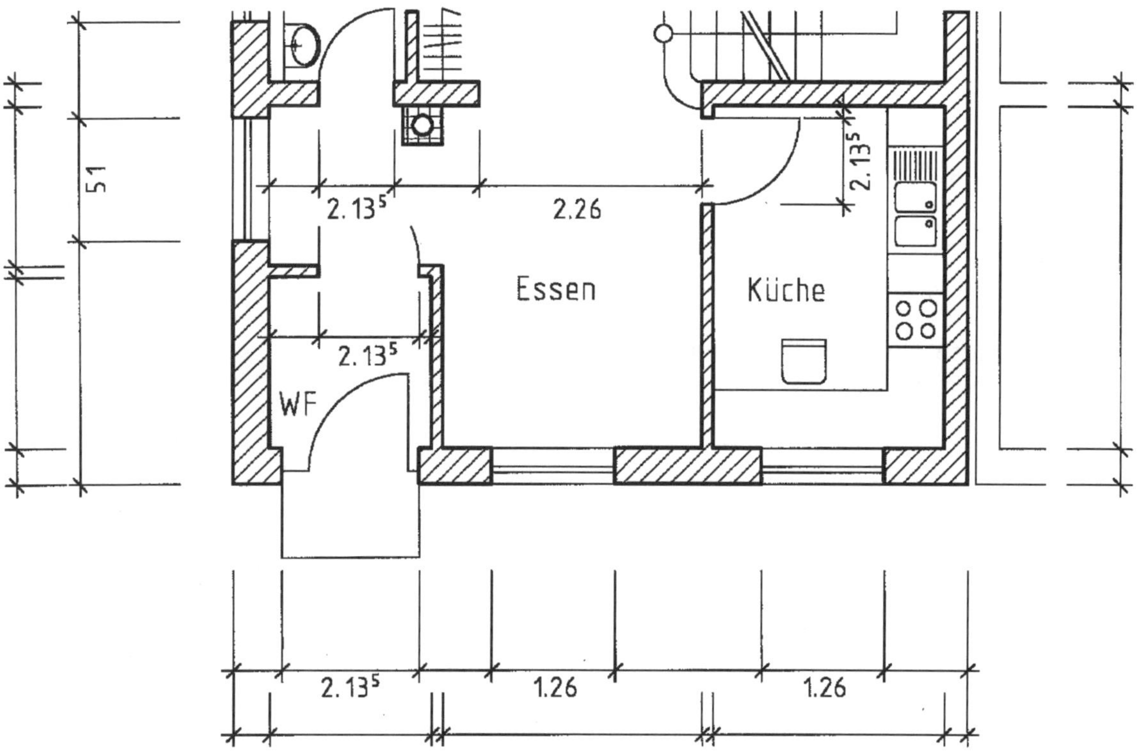

Name:	Klasse:	Datum:

Vervielfältigungen, auch auszugsweise, selbst für Zwecke der eigenen Unterrichtsgestaltung, nur mit Genehmigung des Verlages Handwerk und Technik G.m.b.H., Hamburg

3 Mauern eines einschaligen Baukörpers

1. Mauern bestehen nicht nur aus reinen Mauerstücken, sondern sie enthalten Öffnungen wie Fenster und Türen. Außerdem sind an vielen Stellen Schlitze für diverse Installationen notwendig.
   Sie wissen inzwischen, wie man gut und schnell eine Wand hochziehen kann. Wie kann jedoch die Arbeit bei Wandöffnungen und Schlitzen erleichtert werden? Sicher haben Sie schon selbst mit solchen *Hilfsmitteln* in Form von Sonderbauteilen gearbeitet.

   a) Von wem können Sie hierzu Informationen bekommen? Besorgen Sie sich dann Unterlagen.

   ____

   ____

   ____

   b) Welche Bauteile gibt es, um die Arbeit bei Wandöffnungen und Schlitzen zu erleichtern und damit zu beschleunigen?
   Machen Sie Skizzen von den Bauteilen.

   __________ __________ __________

2. Welche Sonderbauteile für Mauerwerk kennen Sie noch?

   ____

   ____

3. Welchen Vorteil außer weniger Arbeitsaufwand bieten diese Sonderbauteile noch?

   ____

   ____

4. Sie sollen kleinere Mauerarbeiten durchführen. Bis zu welcher Höhe dürfen Sie beim Mauern ein Bockgerüst benutzen?

   Die Gesamthöhe darf maximal __________ betragen.

   Welche Gerüstböcke dürfen Sie nur verwenden?

   ____

   ____

   ____

5. Ab welchem Steingewicht müssen Sie beim Mauern technische Hilfsmittel benutzen?

   ____

Name: ______________	Klasse: __________	Datum: __________

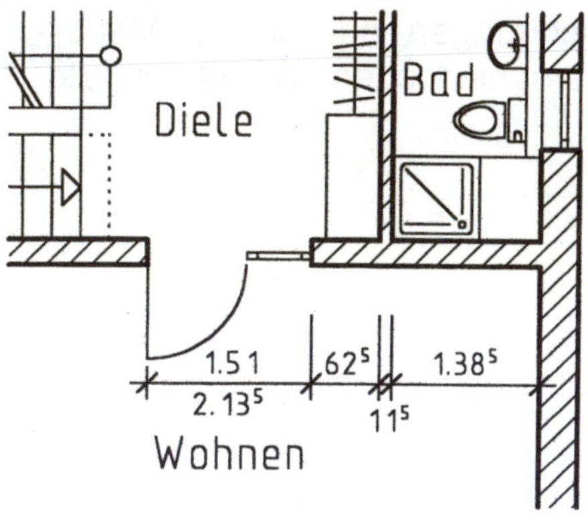

6. Die Öffnung für die Tür von der Diele in das Wohnzimmer soll angelegt werden. Begründen Sie, warum diese Bemaßung ungünstig ist.

7. Stellen Sie eine Regel für die Bemaßung von Öffnungen in tragenden Wänden auf.

8. Die Wand zwischen Diele und Wohnzimmer im EG des Reihenhauses ist zu mauern.
   a) Was muss vor der Ausführung festgelegt werden?

   b) Geben Sie die Arbeitsschritte an.

   c) Worauf überprüfen Sie Ihre Arbeit?

9. Sie wollen einmal ein guter Handwerker werden und Ihre Firma soll möglichst viele Aufträge bekommen. Was ist die beste Reklame?

Name: | Klasse: | Datum:

Vervielfältigungen, auch auszugsweise, selbst für Zwecke der eigenen Unterrichtsgestaltung, nur mit Genehmigung des Verlages Handwerk und Technik G.m.b.H., Hamburg

3 Mauern eines einschaligen Baukörpers

Mauerverbände

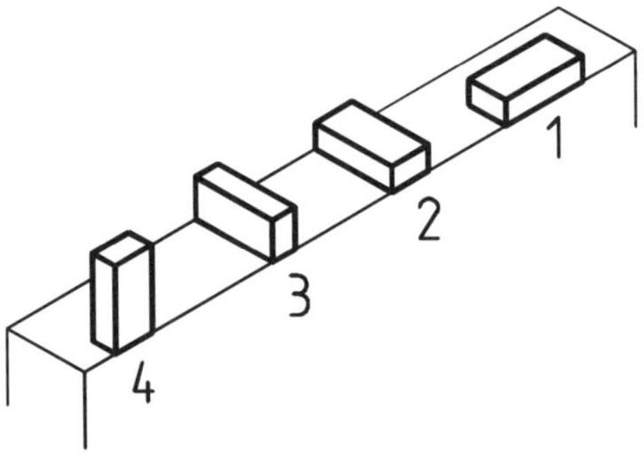

1. Geben Sie die Bezeichnungen an, die in Mauerverbänden für die unterschiedlichen Steinlagen etc. benutzt werden.

   1 ______________________
   2 ______________________
   3 ______________________
   4 ______________________

2. Wird eine einbindende Wand nachträglich gemauert, muss die durchgehende Wand mit entsprechender Verzahnung gemauert werden. Geben Sie die Bezeichnungen für die folgenden Verzahnungen an.

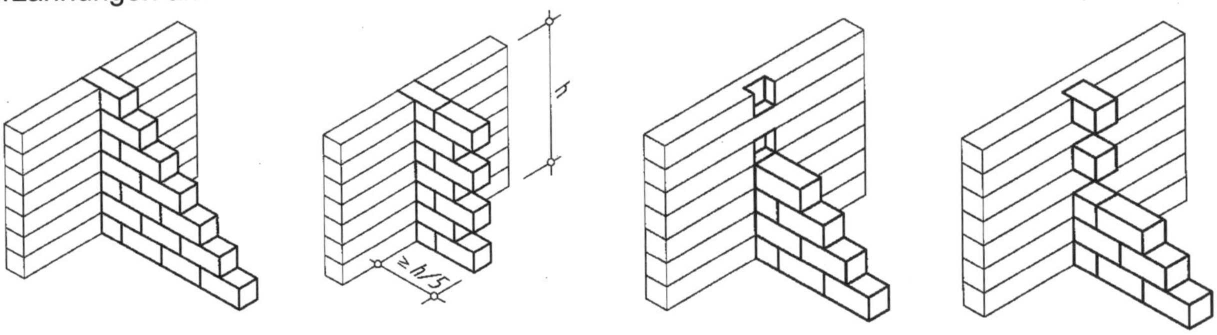

3. Viele alte Häuser werden vor allem wegen ihrer schönen Fassaden nicht abgerissen, sondern saniert. Ihr Chef bekommt den Auftrag, einen Anbau an ein sehr altes Gebäude zu errichten. Die Fassade soll wie das bestehende Gebäude im ***Märkischen Verband*** aus NF-Steinen verklinkert werden. Die einzelnen Schichten bestehen bei diesem Verband aus abwechselnd 2 Läufern und einem Kopf.
   Skizzieren Sie die erste und zweite Schicht in der Draufsicht (als Vormauerung 11,5 cm) sowie 9 Schichten in der Ansicht, rechts als Variante. Legen Sie die Köpfe grau an.

Ansicht

Ansicht Variante

2. Schicht

2. Schicht

1. Schicht

1. Schicht

Name: ______________________ Klasse: ______________ Datum: ______________

3 Mauern eines einschaligen Baukörpers

1. Die unten stehende Zeichnung zeigt das Teilstück einer Kelleraußenwand mit Fundament und Kellerfußboden im Querschnitt.
   a) Beschriften Sie die nummerierten Bauteile/Baustoffe.
   b) Benennen Sie mögliche Materialien für Außenwand, Fundament und Bodenplatte, und tragen Sie ein entsprechendes Ergebnis als Schraffur in die Skizze ein.

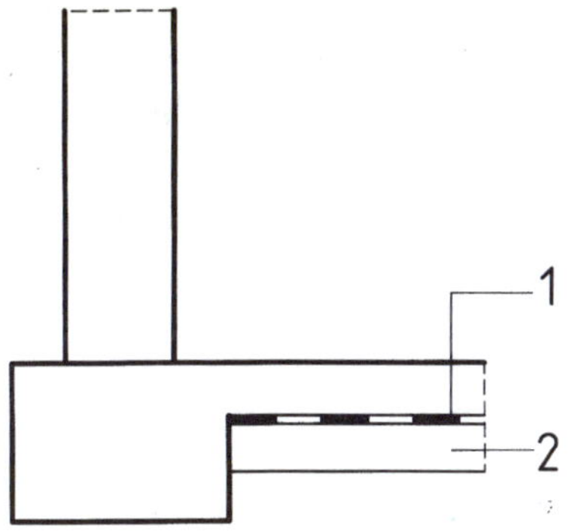

Außenwand:

____

Streifenfundament:

____

Bodenplatte:

____

   c) Welche Funktion erfüllt die mit 1 gekennzeichnete Schicht?

____

____

____

   d) Erläutern Sie die möglichen Folgen, wenn für das mit 2 gekennzeichnete Material TU verwendet wird.

____

____

____

____

2. In welchen Bereichen müssen bei gemauerten Kelleraußenwänden waagerechte Abdichtungen eingebaut werden?

____

____

____

____

____

____

____

____

3. Was geschieht mit dem in den Boden versickernden Oberflächenwasser entlang der Kelleraußenwände, wenn unterhalb des Fundamentes ein extrem bindiger Boden vorhanden ist?

____

____

____

____

____

____

Name:	Klasse:	Datum:

Vervielfältigungen, auch auszugsweise, selbst für Zwecke der eigenen Unterrichtsgestaltung, nur mit Genehmigung des Verlages Handwerk und Technik G.m.b.H., Hamburg

3 Mauern eines einschaligen Baukörpers

"Ich möchte gerne..." *"Aber ich brauche..."*

Die Bauherren des Reihenhauses haben bezüglich des geplanten Schlafzimmers unterschiedliche Meinungen. Sie möchte sich gerne mal mit einem Buch ins Schlafzimmer zurückziehen, er möchte während des Arbeitens auch einmal Besuch empfangen, um gemeinsam ein Problem zu lösen. Aber Besuch im Schlafzimmer? Das Schlafzimmer ist groß genug, um daraus zwei abgeschlossene Zimmer zu machen. Machen Sie einen Vorschlag in der unten abgebildeten Zeichnung als Freihandskizze mit einem weichen Bleistift. Innerhalb der Klasse sollten unterschiedliche Vorschläge gemacht werden.

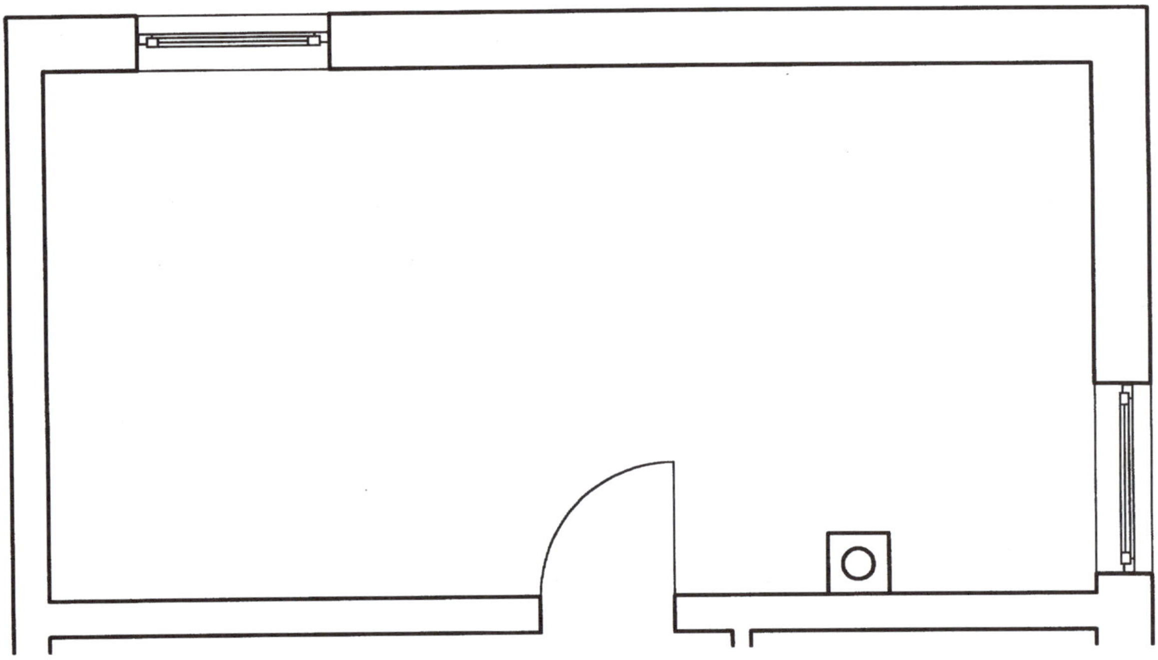

Zeichnen Sie Ihren Vorschlag als Teil-Arbeitsplan im Maßstab 1:50 mit allen erforderlichen Maßen auf ein DIN A4-Blatt. Schraffieren Sie die Wände (Mauerwerk aus künstlichen Steinen). Achten Sie auf unterschiedliche Strichstärken!

Es ist nicht üblich, in einen Arbeitsplan die normale Einrichtung einzuzeichnen. Damit sich die Bauherrschaft aber genau vorstellen kann, was in die Zimmer passt, zeichnen Sie die vorgesehene Möblierung mit ein.
Messen Sie in der Schule und zu Hause die notwendigen Möbel nach, damit Sie sie zeichnen können. Tragen Sie die Maße unten ein (in m bzw. cm).

b =

l =

Doppelbett

b =

t =

Schrank

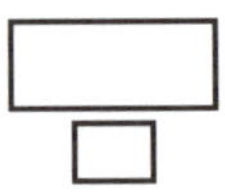

b =

t =

Schreibtisch

b =

t =

Regal

Name:	Klasse:	Datum:

Zement

4 Herstellen eines Stahlbetonbauteils

1. Vor Ihnen steht ein grüner Zementsack mit schwarzer Aufdruckfarbe, auf dem unter anderem zu lesen ist: ... *CEM III – HS* ...
   a) Ergänzen Sie die Sackaufschrift mit Angaben
      – zur Zementart
      – zur DIN-Vorschrift
      – zur Festigkeitsklasse
      – zum Sackgewicht
   b) Kreuzen Sie die richtige Antwort an und begründen Sie kurz:
      ☐ Es handelt sich um einen Zement mit schneller Anfangserhärtung
      ☐ Es handelt sich um einen Zement mit normaler Anfangserhärtung

   c) Erläutern Sie die Zusatzbezeichnung *HS*.

2. Zählen Sie die Hauptbestandteile des Zements auf, und beschreiben Sie deren Herstellung bzw. Gewinnung.
   Hauptbestandteile:
   Herstellung:

   Gewinnung:

3. Nennen Sie ein geeignetes Einsatzbeispiel des HS-Zements für unser Reihenhausprojekt. Begründen Sie Ihre Wahl.

4. Der w/z-Wert hat einen entscheidenden Einfluss auf die Qualität des herzustellenden Betons.
   a) Wofür steht die Abkürzung *w/z-Wert*?

   b) Erläutern Sie den Zusammenhang zwischen der Festigkeit und dem w/z-Wert eines Betons.

   c) Berechnen Sie die erforderliche Menge an Wasser (Mittelwert in Liter), die zugegeben werden muss, um für 30 Säcke unseres Zements einen geeigneten w/z-Wert zwischen 0,4 und 0,6 zu erhalten (Annahme: Eigenfeuchte des Zuschlags kann vernachlässigt werden!).

Name: ______ Klasse: ______ Datum: ______

Vervielfältigungen, auch auszugsweise, selbst für Zwecke der eigenen Unterrichtsgestaltung, nur mit Genehmigung des Verlages Handwerk und Technik G.m.b.H., Hamburg

4 Herstellen eines Stahlbetonbauteils

Gesteinskörnung

1. An unserem Reihenhaus soll der Beton für kleinere, beiläufig anfallende Betonierarbeiten nicht fertig angeliefert, sondern auf der Baustelle gemischt werden. Hierfür soll ein kleines Materiallager für Gesteinskörnungen eingerichtet werden: Gesteinskörnungen für Normalbeton und natürliche, ungebrochene Gesteinskörnungen.

   Nennen Sie alle infrage kommenden Gesteinskörnungen.

   ____

2. Weshalb soll die Zementleimmenge, die die Gesteinskörner zusammenhält, so gering wie möglich sein?

   ____

   ____

   ____

3. Die beiden unten abgebildeten Kornformen besitzen das gleiche Volumen, sind also *gleich groß*, jedoch nicht in gleichem Maße als Gesteinskörnung geeignet.

   Kugelförmig

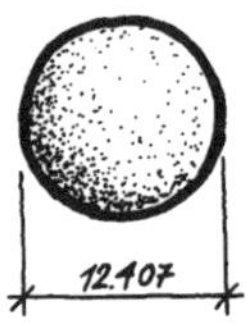

   quaderförmig (plattenförmig)

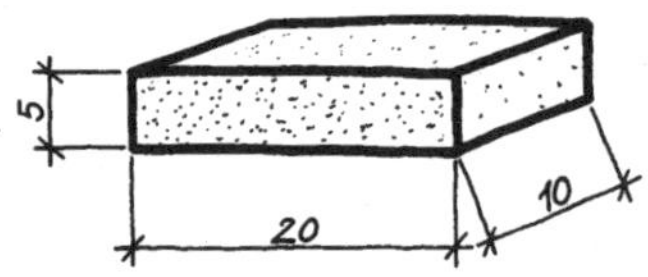

   Entscheiden Sie sich für eine der beiden Formen von Gesteinskörnungen und begründen Sie Ihre Wahl. Führen Sie einen rechnerischen Nachweis durch ($O_{Kugel} = \pi \cdot d^2$).

   ____

   ____

   ____

   Nachweis:

4. Eine große Gesteinskörnung benötigt weniger Zementleim als mehrere kleine Körnungen, die zusammen das gleiche Volumen besitzen wie das große Korn. Berechnen Sie V und O.

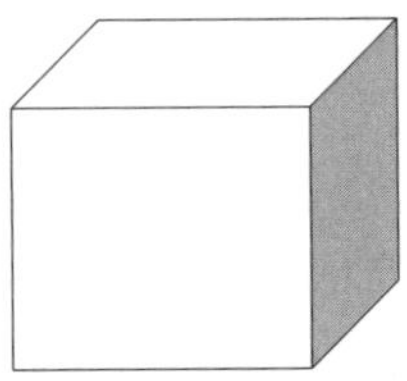

Kantenlängen 15 cm

$V =$

$O =$

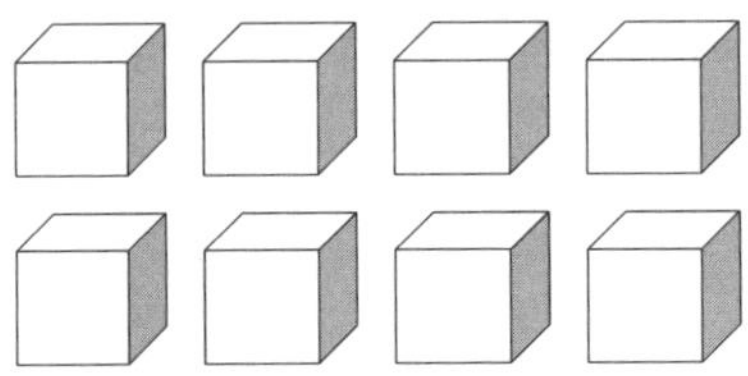

Kantenlängen 7,5 cm

$V_{ges} =$

$V_{ges} =$

$O_{ges} =$

$O_{ges} =$

Fortsetzung siehe Seite 33

Name:	Klasse:	Datum:

4. a) Begründen Sie, weshalb trotz geringerer Oberfläche nicht nur großkörnige Zuschläge mit etwa gleich großen Durchmessern verwendet werden sollen.

____

____

____

____

b) Wie sollte unter Berücksichtigung der Ergebnisse von a) die ideale Kornzusammensetzung aussehen?

____

____

____

5. Nennen Sie drei Gründe, weshalb zu große Zuschlagkörner für Beton nicht mehr verwendet werden dürfen.

____

____

____

____

____

6. Für die UG-Wände des Reihenhauses wurde ein Gesteinskörnungsgemisch (m = 5,0 kg) angeliefert. Im Rahmen der Eigenüberwachung wurde die Kornzusammensetzung mit dem genormten Siebsatz (siehe Abbildung) überprüft. Die Ergebnisse der Einzelwiegungen der Siebrückstände sind hinter den entsprechenden Siebdurchmessern angegeben. Nach der Auswertung der Probe wurde die Qualität des Materials bemängelt.
Entscheiden Sie, ob die Vorbehalte gegen das angelieferte Material berechtigt sind, indem Sie

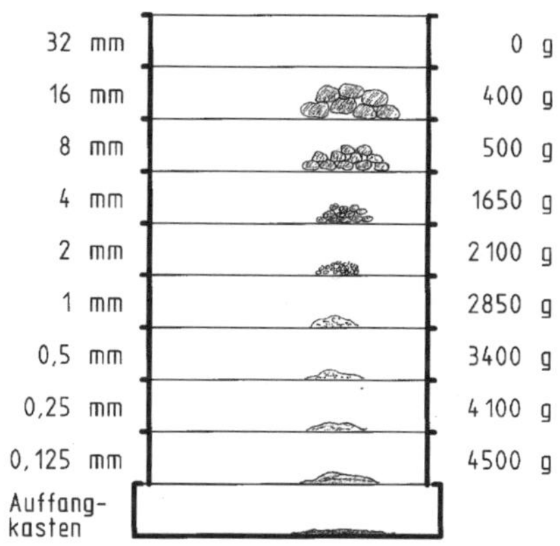

a) den Sieblinienndurchgang bestimmen
b) die sich ergebende Sieblinie mit der Regelsieblinie vergleichen.

Auswertung Siebversuch:

Sieb (mm)	0,125	0,25	0,5	1	2	4	8	16	32
Rückstand in g									
Rückstand in %									
Durchgang in %									

Ergebnis:

____

____

____

____

Name: ____________ Klasse: ____________ Datum: ____________

Vervielfältigungen, auch auszugsweise, selbst für Zwecke der eigenen Unterrichtsgestaltung, nur mit Genehmigung des Verlages Handwerk und Technik G.m.b.H., Hamburg

4 Herstellen eines Stahlbetonbauteils

Betontechnologie

Gemäß Bauablaufplanung stehen in Kürze die Betonierarbeiten für die Decke des Untergeschosses unseres Reihenhauses an. Der Beton soll auf die Baustelle geliefert werden. Folgende Forderungen sind bekannt:

- Rezeptbeton mit einer Nennfestigkeit von 25 N/mm^2
- Betonsteife des zu verarbeitenden Betons: Regelkonsistenz
- Zuschlagzusammensetzung im günstigen Sieblinienbereich, Größtkorn 16 mm, $\rho = 2{,}6\ kg/dm^3$
- Verwendung eines Zements der Festigkeitsklasse 32,5 R
- Eigenfeuchte des Zuschlags 3,5 %

1. Bestimmen Sie für die Bestellung des Betons für die UG-Decke die Betongruppe, Betonfestigkeit und Betonmenge (einschl. Unterzüge). Betonmenge für die Bestellung auf ganze m^3 aufrunden.

2. Ermitteln Sie die benötigten Einzelmengen an Zement (in Säcken je 25 kg), Zuschlag (in t) und Wasser (in m^3), um die Kosten des Betons besser abschätzen zu können.

3. Nennen Sie die Arbeitsschritte (mit Einsatz von Maschinen), die nach dem Anliefern des Betons erfolgen, und erläutern Sie, worauf im Einzelnen besonders geachtet werden muss.

Name: Klasse: Datum:

4 Herstellen eines Stahlbetonbauteils

1. Welche Bedeutung haben die folgenden Abkürzungen aus dem Themenbereich Betonstähle? Wie heißt das senkrechte Wort in den grau unterlegten Feldern?

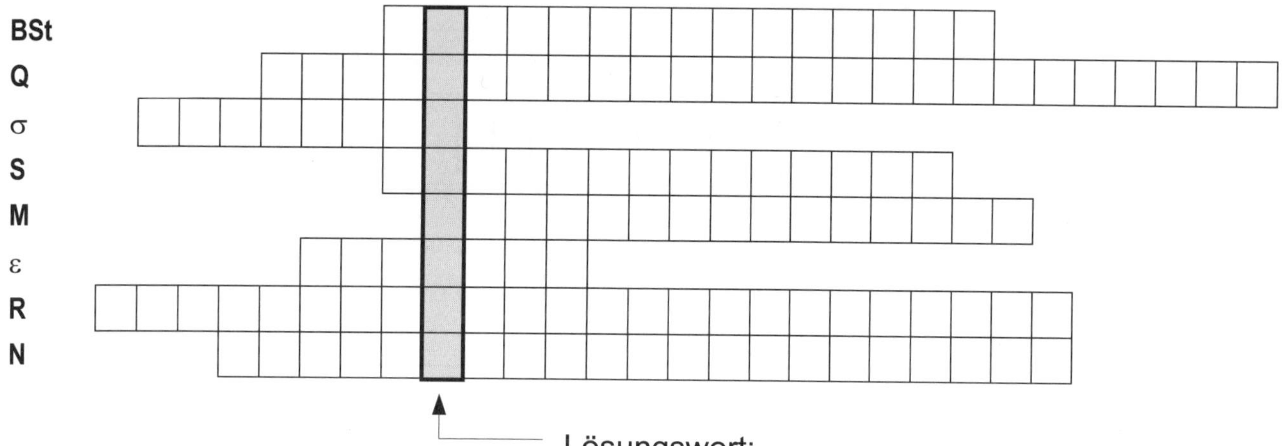

Lösungswort: ____________________

2. Die Zeichnung zeigt einen Stahlbetonbalken aus B 25, der in einem Raum mit hoher Luftfeuchtigkeit eingebaut werden soll.

   a) Beschriften und dimensionieren Sie die einzelnen Bewehrungsstäbe.

Tragstäbe	∅ 20 cm
Montagestäbe	∅ 8 cm
Bügel	∅ 8 cm

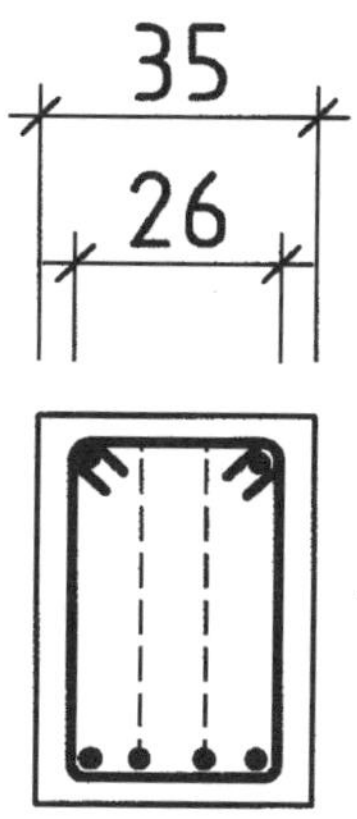

   b) Kontrollieren Sie, ob die vorhandene Betondeckung den Vorschriften entspricht.

____

____

____

   c) Kontrollieren Sie, ob die dargestellten Stahlabstände der Längsstäbe den Vorschriften entsprechen.

Name:	Klasse:	Datum:

Vervielfältigungen, auch auszugsweise, selbst für Zwecke der eigenen Unterrichtsgestaltung, nur mit Genehmigung des Verlages Handwerk und Technik G.m.b.H., Hamburg

3. Der folgend abgebildete Bewehrungsplan eines Stahlbetonbalkens ist unvollständig.
   a) Ergänzen Sie die fehlenden Bewehrungselemente im Bewehrungsplan.
   b) Benennen Sie die einzelnen Bewehrungselemente, und erläutern Sie deren statische Aufgaben.

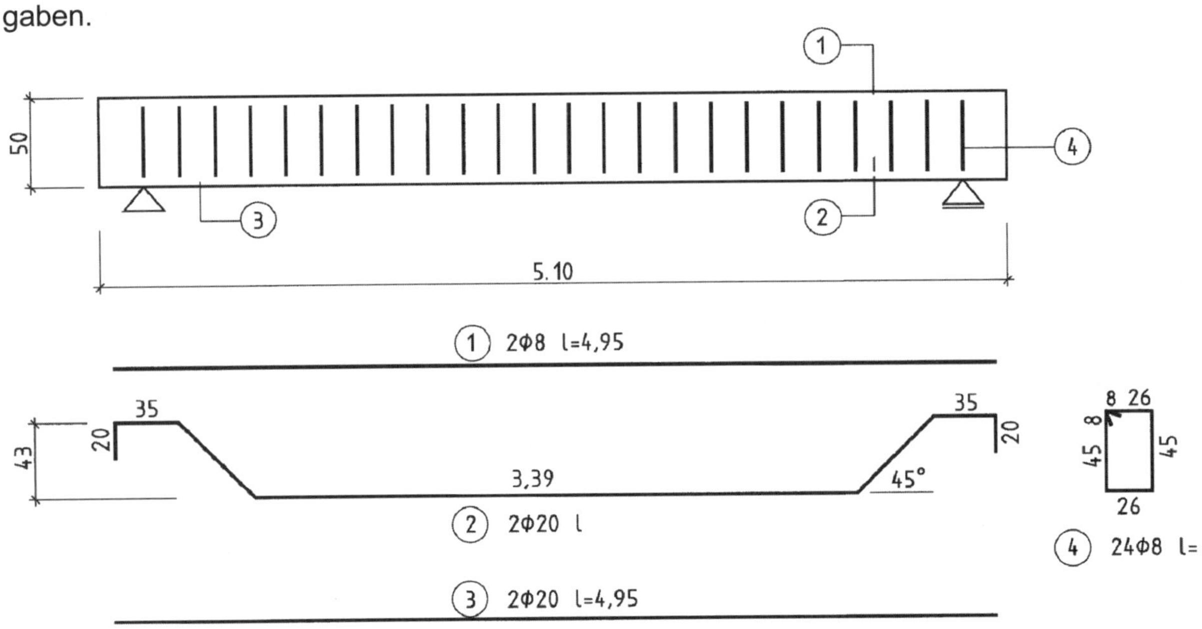

zu b):

Position	Bezeichnung	statische Aufgabe

4. Ergänzen Sie die Stahlliste für den Stahlbetonbalken, und ermitteln Sie die Gesamtmasse an Betonstahl IV.

Pos.	Stück	∅ in mm	Einzellänge in m	Gesamtlänge in m ∅	Gesamtlänge in m ∅
Gesamtlänge in m					
Masse in kg/m					
Masse in kg					
Gesamtmasse in kg					

5. Wie verändert sich die Bügelbewehrung, wenn auf die Aufbiegung der Stäbe Pos. 2 verzichtet wird?

____

____

____

Name:	Klasse:	Datum:

4 Herstellen eines Stahlbetonbauteils

1. Schalungen lassen sich in drei Gruppen einteilen. Nennen Sie diese Gruppen, und ordnen Sie ihnen Beispiele (siehe auch Abbildungen **Lernfeld Bautechnik / Grundstufe**), Kennzeichen / Merkmale, weitere Anwendungsbeispiele sowie Vor- und Nachteile zu.

Gruppen:

Beispiel am Projekt:		
Fenstersturz (Überzug)	Geschossdecke	Pfeiler
Abbildung im Fachbuch:		
S. 155 (Bild oben)	S. 161 (Bild oben)	S. 163 (Bild oben re.)
Kennzeichen / Merkmale:		
Weitere Anwendungsbeispiele:		
Vorteile dieser Schalungen:		
Nachteile dieser Schalungen:		

2. Erklären Sie, warum die Schalung vor dem Bewehren mit einem Trennmittel versehen und vor dem Betonieren genässt werden muss.

3. Wann sind Hilfsstützen aufzustellen?

4. Weshalb sind Hilfsstützen aufzustellen?

Name: Klasse: Datum:

Vervielfältigungen, auch auszugsweise, selbst für Zwecke der eigenen Unterrichtsgestaltung, nur mit Genehmigung des Verlages Handwerk und Technik G.m.b.H., Hamburg

4 Herstellen eines Stahlbetonbauteils

Bauen und Umwelt

Umweltfreundliches Bauen lässt sich verwirklichen, wenn man das bei allen Phasen des Projekts berücksichtigt.
Wie können wir unsere Umwelt schonen? (Hier ist Teamwork gefragt: Je mehr Leute sich Gedanken darüber machen, umso mehr Fakten werden gefunden!)

Bei der Planung:

____

____

____

____

____

____

____

____

____

____

____

____

____

____

Beim Bau:

____

____

____

____

____

____

____

____

____

Während des Wohnens:

____

____

____

____

____

____

____

Denkanstöße:

Lebensraum für Insekten

Dachflächen so ↑oder so↓?

Alternative Energienutzung

Wege so ↑ oder so ↓?

Heizen – so nicht!

Name: ____________	Klasse: ____________	Datum: ____________

5 Herstellen einer Holzkonstruktion

1. Die beiden Fotos zeigen dieselbe Baumart (Hochgebirge/Flachland).

   a) Um welche Baumart handelt es sich?

   ____

   b) Weshalb haben sie solche unterschiedlichen Wachstumsausprägungen?

   ____
   ____
   ____
   ____
   ____
   ____

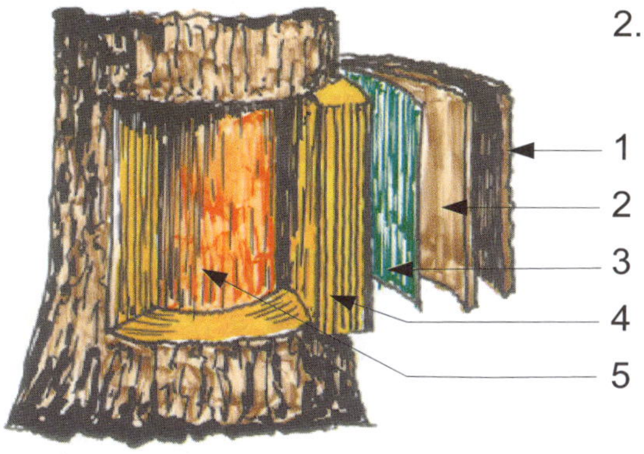

2. Geben Sie die Bezeichnungen der einzelnen Schichten an.

   ____
   ____
   ____
   ____
   ____

3. Ordnen Sie den folgenden Funktionen die Schichten zu:

   __________ bildet die neuen Zellen.

   __________ ist abgestorbenes Holz, dient als Stütze des Baumes.

   __________ ist weiches, faseriges Gewebe, das die Nährstoffe von den Blättern in die übrigen Teile des Baumes leitet.

   __________ ist junges Holzgewebe, das Wasser und Nährsalze zu den Blättern befördert.

   __________ schützt den Baum vor Hitze, Kälte, Insekten und Pilzen.

4. Am Querschnitt eines Stammes kann man den Wachstumsverlauf des Baumes erkennen. Die Abbildung zeigt einen mikroskopischen Querschnitt durch einen Jahresring. Wie nennt man die Bereiche?

   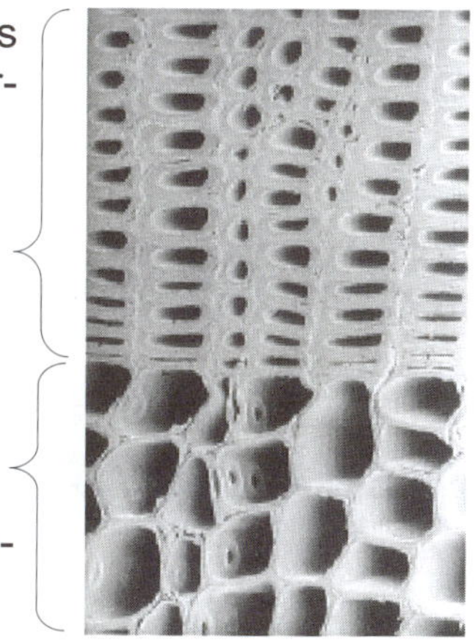

Entstehung:	Bezeichnung:
______________________________	__________
______________________________	__________

   Welcher Unterschied besteht hinsichtlich ihrer mechanischen Eigenschaften?

   ____

Name: __________ Klasse: __________ Datum: __________

Vervielfältigungen, auch auszugsweise, selbst für Zwecke der eigenen Unterrichtsgestaltung, nur mit Genehmigung des Verlages Handwerk und Technik G.m.b.H., Hamburg

1. Geben Sie die Bezeichnungen für die folgenden Holzquerschnitte an (Angaben in mm).

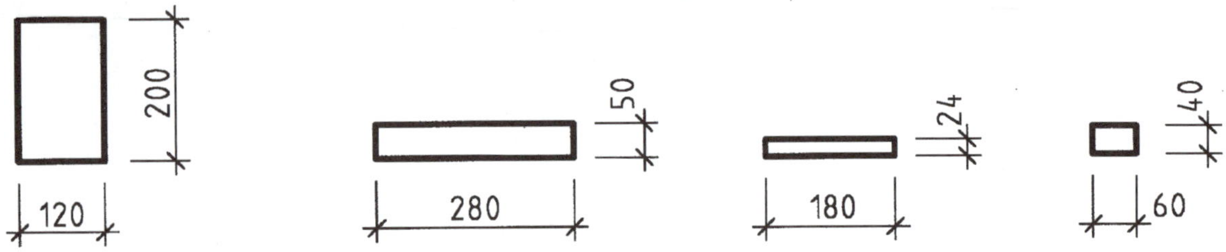

2. Bei Konstruktionsvollholz verwendet man am besten *Vorzugsquerschnitte*. Welche Bedeutung haben diese Querschnitte?

3. Das Reihenhaus soll eine Holztreppe bekommen. Unser Zimmerer sucht für die Geländerpfosten ein geeignetes Stück Kiefernholz aus.

a) Welche Merkmale weisen die einzelnen Holzstücke auf?

1 ______

2 ______

3 ______

4 ______

b) Welches Holzstück würden Sie wählen (mit Begründung)?

Begründung:

4. Um welche Holzwerkstoffe handelt es sich bei den folgenden Abbildungen?

Name: ______ Klasse: ______ Datum: ______

5 Herstellen einer Holzkonstruktion

1. Erklären Sie den Unterschied zwischen zulässiger Spannung und Festigkeit des Holzes.

2. Wovon ist die Festigkeit des Holzes abhängig?

3. Nennen Sie drei besondere technische Eigenschaften des Kernholzes. Geben Sie drei Holzarten an, bei denen diese besonders ausgeprägt vorhanden sind.

4. Nennen Sie je ein besonders tragfähiges und witterungsbeständiges einheimisches Laub- und Nadelholz.

5. Unsere Bauherren möchten das Dachgeschoss ausbauen. Sie planen eine Nut- und Federschalung. Mit welcher Holzfeuchte sollte die Schalung angebracht werden?

6. In Zusammenhang mit dem Dachgeschossausbau fällt der Begriff *Ausgleichsfeuchte* (Feuchtegleichgewicht). Erklären Sie diesen Begriff.

7. Wann beginnt Holz zu schwinden?

8. Unsere Bauherren haben eine Liebe zum Holz entdeckt. Nun erwägen sie, das Duschbad im Erdgeschoss mit Holz zu verkleiden. Müssen Sie davon abraten?

Woher bekommen Sie detaillierte Informationen?

Name: Klasse: Datum:

Vervielfältigungen, auch auszugsweise, selbst für Zwecke der eigenen Unterrichtsgestaltung, nur mit Genehmigung des Verlages Handwerk und Technik G.m.b.H., Hamburg

1. Die folgenden Abbildungen zeigen einige der bei uns am häufigsten auftretenden pflanzlichen Schädlinge. Wie heißen sie?

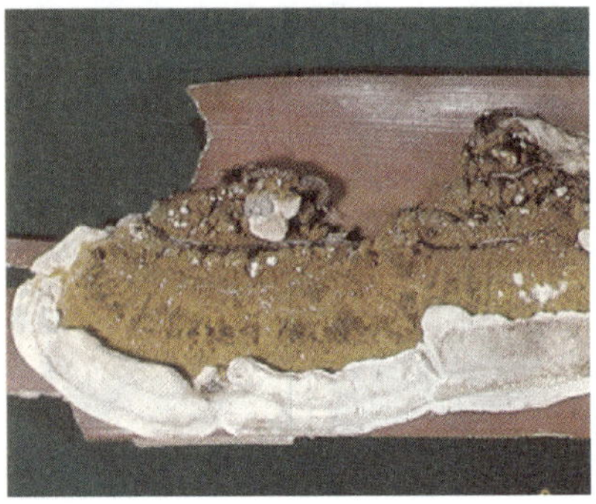

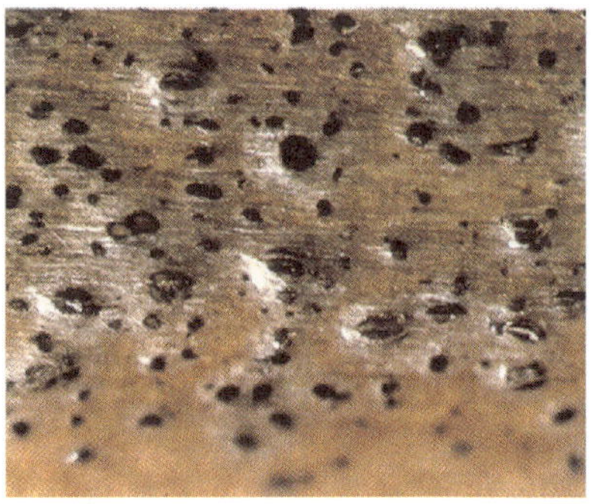

2. Wie heißen die folgenden tierischen Holzschädlinge?

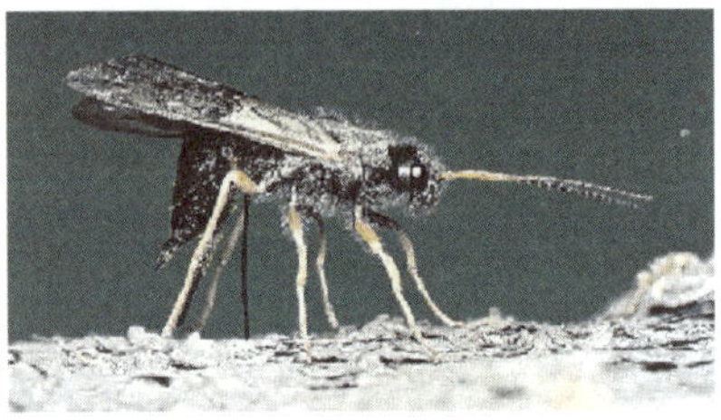

3. Welche Maßnahmen umfasst der Holzschutz?

4. Geben Sie Eigenschaften und Anwendung von öligen und wasserlöslichen Holzschutzmitteln an.

Holzschutzmittel	ölige Holzschutzmittel	wasserlösliche Holzschutzmittel
Eigenschaften:		
Anwendung:		

Name:

Klasse:

Datum:

5 Herstellen einer Holzkonstruktion

1. Welche Hölzer einer Fachwerkwand gehören zu den tragenden, welche zu den aussteifenden Hölzern?

   tragende Hölzer: ______________ aussteifende Hölzer: ______________

2. Wie wird eine Fachwerkwand in der Längsrichtung ausgesteift? Beschreiben Sie den Käfteverlauf.

3. Weshalb muss die Schwelle bei Fachwerkwänden etwa 2 cm über der Außenkante des Fundamentsockels vorstehen?

4. Wie wird eine Strebe an die Pfette (Rähm) angeschlossen?

5. Warum wird das Zapfenloch etwas tiefer ausgearbeitet als die Zapfenlänge?

6. Häufig müssen Schwellen und Pfetten einer Fachwerkwand gestoßen werden, da die handelsüblichen Kantholz- und Balkenlängen den erforderlichen Baulängen nicht entsprechen. Nennen Sie Längsverbindungen für Schwellen und Pfetten.

7. Auch heute noch werden viele traditionelle zimmermannsmäßige Holzverbindungen angewandt. Ordnen Sie die jeweiligen Verbindungen den Details an der Fachwerkwand zu

   ___ Abgestirnter Zapfen
   ___ Stirnversatz und abgesteckter Zapfen
   ___ Zapfen
   ___ Abgesteckter Zapfen und Eckblatt

8. Bei einem Gespräch hören Sie den Fachbegriff *Bundseite*. Was versteht man darunter?

Name: ______________ Klasse: ______________ Datum: ______________

Vervielfältigungen, auch auszugsweise, selbst für Zwecke der eigenen Unterrichtsgestaltung, nur mit Genehmigung des Verlages Handwerk und Technik G.m.b.H., Hamburg

5 Herstellen einer Holzkonstruktion

Pfettendach

1. Nennen Sie die beim einfach stehenden Pfettendach verwendeten Hölzer und ihre Aufgaben.

Hölzer	Aufgaben

2. Wie funktioniert die **Queraussteifung** bei einem solchen Dach? Zeichnen Sie die Lösung in die nebenstehende Skizze ein.

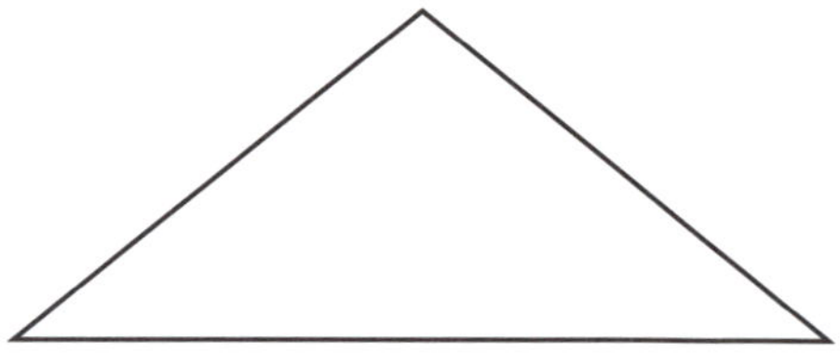

3. Kreuzen Sie die Bauteile an, die zur **Längsaussteifung** eines solchen Daches geeignet sind.

O Sparren | O Büge | O Unterspannbahn | O Windrispen
O Pfetten | O Schalung waagerecht | O Schalung 45° | O Rispenband
O Dachlattung | O Spanplatten stoßversetzt | O Kopfbänder | O Kamine

4. Nachbarn von unserem Reihenhaus möchten auf ihrer Doppelgarage auch ein Satteldach haben, weil es schöner aussieht und sie damit zusätzlichen Stauraum bekommen. Zeichnen Sie für diese Garage einen einfach stehenden Pfettendachstuhl im Querschnitt im M. 1:50, DN 36°.

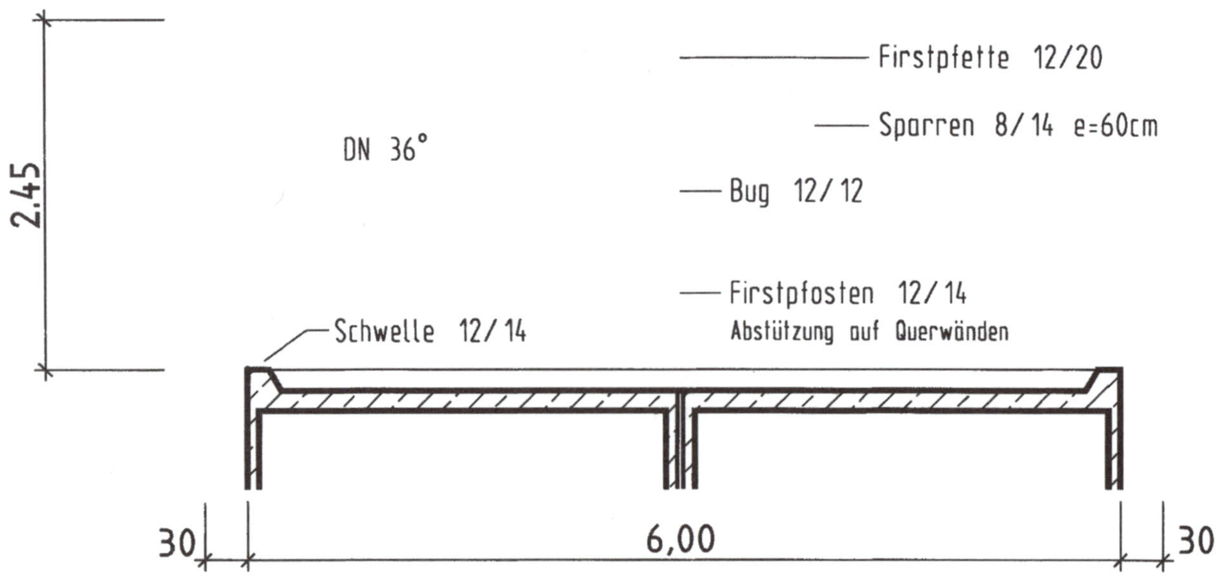

Name: ______________ Klasse: ______________ Datum: ______________

5 Herstellen einer Holzkonstruktion

Ihre Nachbarn haben sich für das Satteldach auf ihrer Doppelgarage entschieden (siehe Aufgabe 4 Seite 44). Den Bauablauf haben Sie in Fotos festgehalten. Beschriften Sie die Fotos richtig und machen Sie zu den einzelnen Fotos kurze Erläuterungen.

Bildunterschrift	Erläuterung
Stellen der Pfosten	
Ortgang, Traufe und Lattung anbringen	
Annageln der Sparren	
Einrichten der Baustelle	
Aufrichten der Firstpfette	
Legen der Fußpfetten	

Name:

Klasse:

Datum:

Vervielfältigungen, auch auszugsweise, selbst für Zwecke der eigenen Unterrichtsgestaltung, nur mit Genehmigung des Verlages Handwerk und Technik G.m.b.H., Hamburg

5 Herstellen einer Holzkonstruktion

Holzverbindungen
Verarbeitungswerkz.

1. Nennen Sie Verbindungen des Ingenieurholzbaus.

2. Welche Vorteile haben die Verbindungen des Ingenieurholzbaus gegenüber zimmermannsmäßigen Verbindungen?

3. Welche Anordnung der Drahtstifte ist nach DIN 1052 richtig? Kreuzen Sie an.

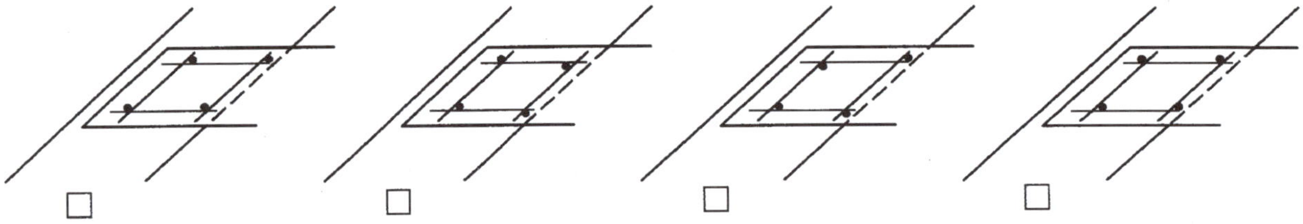

4. Welche Vorteile hat eine Schraubverbindung gegenüber einer Nagelverbindung?

5. Warum müssen bei Bolzenverbindungen ausreichend große Unterlagsscheiben verwendet werden?

6. Welche Vorteile haben Blechformteilverbindungen?

7. Nennen Sie Mess- und Anreißgeräte, die Sie brauchen, um einwandfrei passende Holzverbindungen herstellen zu können.

8. Wie sind Hobel aufzubewahren? Begründen Sie.

Name: ______ Klasse: ______ Datum: ______

1. Welche Dachformen sind auf den folgenden Fotos dargestellt?

2. Geben Sie die Bezeichnungen der einzelnen Dachkanten an.

3. Nicht nur der Grundriss, sondern auch die Gestaltung des Daches – Form und Dachdeckung – prägt ein Haus. Geben Sie mindestens vier verschiedene Kriterien an, von denen die Wahl des Dachdeckungsmaterials abhängt.

4. Nennen Sie Dachdeckungsmaterialien für geneigte Dächer.

Name: Klasse: Datum:

Vervielfältigungen, auch auszugsweise, selbst für Zwecke der eigenen Unterrichtsgestaltung, nur mit Genehmigung des Verlages Handwerk und Technik G.m.b.H., Hamburg

5. Nach den Fachregeln des Deutschen Dachdeckerhandwerks sind *Regeldachneigungen* einzuhalten. Was versteht man unter diesem Begriff?

____

____

____

6. Von welchen Faktoren ist die Regensicherheit abhängig?

____

____

7. Unser Reihenhaus soll eine Dachneigung von 35° erhalten. Welche Dachdeckungsmaterialien würden sich für dieses Dach eignen?

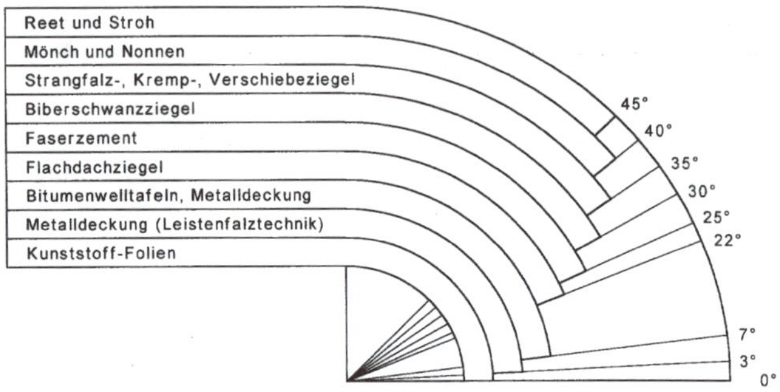

____

____

____

____

____

8. Unsere Bauherren haben sich für eine Dacheindeckung mit Falzziegeln entschlossen. Berechnen Sie die notwendige Anzahl Ziegel, wenn 15 Stück/m² benötigt werden. Sparrenlänge 7,40 m, Trauflänge 7,80 m.

____

____

9. Wie viele Ziegel müssen bestellt werden, wenn mit 5% Bruch gerechnet wird?

____

10. Faserzementplatten älteren Herstellungsdatums sind nicht unproblematisch.

a) Welches Material wurde früher zur Herstellung dieser Platten verwendet?

____

b) Welche Gefahren bestehen beim Abbrechen dieser Platten?

____

____

11. Beschreiben Sie die Tätigkeit des Zimmerers auf der Abbildung.

____

____

____

____

Name: ____________ Klasse: ____________ Datum: ____________

6 Beschichtungen und Bekleidungen

1. Ergänzen Sie die Übersicht der Bindemittel für Putze.

Bindemittel	DIN	Für Außenputz verwendbar?	Bestandteil von Mörtelgruppe

2. Warum darf Gips nicht mit Zement vermischt werden?

3. Erklären Sie die Begriffe *fette Mörtel* und *magere Mörtel*.

4. Geben Sie Putzarten mit besonderen Eigenschaften an.

5. Ein guter Putzgrund muss bestimmte Eigenschaften aufweisen. Begründen Sie folgende Forderungen:

kein Mischmauerwerk

sauber

rau

tragfähig

ohne Risse und Fugen

nicht zu saugfähig

Name: Klasse: Datum:

Vervielfältigungen, auch auszugsweise, selbst für Zwecke der eigenen Unterrichtsgestaltung, nur mit Genehmigung des Verlages Handwerk und Technik G.m.b.H., Hamburg

6. Die folgenden Fehler sollten Ihnen einmal nicht unterlaufen. Was können die Ursachen für solche Schäden sein?

Putzschaden:	*Mögliche Ursache:*
Putz sandet ab.	
Putz löst sich über einer Fuge.	
Sockelputz bekommt Schwindrisse.	

7. Welche Eigenschaften muss ein Außenputz aufweisen?

8. Die Bauherren des Reihenhauses haben sich für eine Teilung des geplanten Schlafzimmers in zwei Räume – Schlaf- und Arbeitszimmer – entschieden. Leider fiel die Entscheidung erst nach der Fertigstellung des Hauses. Welche Wandart zur Trennung des Raumes würden Sie vorschlagen? Begründen Sie Ihren Vorschlag.

9. Welche Platten eignen sich als Wandtrockenputz?

10. Ein Altbau soll renoviert werden. Dabei sind auch einige Öffnungen zu verkleinern oder zu vergrößern. Leider sind einige alte Wände recht schief. Damit an diesen schiefen Wänden der Putzauftrag an einigen Stellen nicht zu dick wird, die Wand aber exakt eben werden soll, entscheidet man sich in einem Raum für einen Wandtrockenputz. Wie können die Unebenheiten ausgeglichen werden?

Name: | Klasse: | Datum:

6 Beschichtungen und Bekleidungen

1. Im Keller ist ein Hobbyraum vorgesehen. Welche Estrichart schlagen Sie für diesen Raum vor? Begründen Sie.

2. Generationenkonflikt: Junior freut sich des Lebens und hört gerne laute Musik. Entwerfen Sie einen Fußbodenaufbau für die Kinderzimmer mit Anschluss an die Trennwand der beiden Räume. Zeichnen Sie diesen Aufbau als Schnitt im M. 1:5 einschließlich Bemaßung, Beschriftung und Schraffur. Während Junior seine Musik hört und dabei tanzt, muss die Mutter in Ruhe eine Etage tiefer ihre Musik hören können!

Siehe auch **Lernfeld Bautechnik / Grundstufe** Seite ________

Bodenbelag gewählt: ______________________ *d* = ________

Estrich gewählt: ______________________ *d* = ________

Dämmung gewählt: ______________________ *d* = ________

Stahlbetondecke

Name: ______________ Klasse: ______________ Datum: ______________

Vervielfältigungen, auch auszugsweise, selbst für Zwecke der eigenen Unterrichtsgestaltung, nur mit Genehmigung des Verlages Handwerk und Technik G.m.b.H., Hamburg

Der Fußboden des Wintergartens unseres Reihenhauses soll einen Fliesenbelag erhalten.

1. Wählen Sie ein für diese Anwendung geeignetes, trocken gepresstes keramisches Erzeugnis, und geben Sie seine Kurzbezeichnung nach DIN EN 87 an. Begründen Sie Ihre Wahl.

2. Nennen Sie ein zweckmäßiges Verlegeverfahren für das Ansetzen der Fliesen, und begründen Sie Ihre Entscheidung.

3. Berechnen Sie die Anzahl der zu bestellenden Fliesen sowie den zur Verlegung benötigten Mörtelbedarf.

   Angaben für die Berechnung:
   - Dicke der Glaseinfassprofile am Fußboden 5 cm
   - Dicke des KZ-Putzes am Hausanschluss 1,5 cm
   - Koordinierungsmaß 20/20 cm
   - Verschnitt der Fliesen 5 %
   - Mörtelbett der Fliesen d = 6 mm

4. Zeichnen Sie den Fliesenbelag auf der nächsten Seite im Maßstab 1:25 ein, und bemaßen Sie die Zeichnung. Achten Sie auf eine symmetrische Anordnung der eventuell vorhandenen Reststücke.

   Einteilung für Fliesen 20/20 (Koordinierungsmaß):

   Berechnung:

Name: | Klasse: | Datum:

Zeichnung zu Aufgabe 4 von vorheriger Seite:

5. Berechnen Sie die Gesamtkosten für die Herstellung des Fliesenbelags im Wintergarten.

Lohnkosten	37,00 €/h
Aufwandswert	0,8 h/m²
Materialkosten incl. Mörtel	13,00 €/m²

Lösung:

Name: Klasse: Datum:

Vervielfältigungen, auch auszugsweise, selbst für Zwecke der eigenen Unterrichtsgestaltung, nur mit Genehmigung des Verlages Handwerk und Technik G.m.b.H., Hamburg

Für die Außenwände des Untergeschosses unseres Reihenhauses ist ein Abdichtungs- und Dränsystem zu entwerfen.

1. Vervollständigen Sie den Schnitt durch die Außenwand (Bereich Hobbyraum) einschließlich Bemaßung und Schraffur im Maßstab 1:20.

2. Zeichnen Sie ein funktionstüchtiges Abdichtungs- und Dränsystem für die Außenwand und den UG-Boden in die Zeichnung oben ein.

   Für die senkrechte Wandabdichtung sind geeignete Materialien auszuwählen und bei der Beschriftung der Zeichnung anzugeben.

   Zusätzliche Angaben:
   Böschungswinkel gemäß DIN 4124 für feste bindige Böden
   Dränplatten d = 8 cm
   Dränleitung PVC gelocht, DN 100
   50 cm breiter Streifen mit Grobkiesschüttung an der Geländeoberfläche vor der Hauswand, Tiefe der Schüttung ca. 15 cm

Name: ____________ Klasse: ____________ Datum: ____________

3. Begründen Sie, weshalb eine einfache kapillarbrechende Schicht allein unterhalb des UG-Fußbodens nicht ausreicht.

4. Weshalb kann bei unserem Projekt auf den Einbau von horizontalen Abdichtungen in der UG-Wand verzichtet werden?

5 a) Skizzieren Sie die Dränleitungen, Putz- und Spülschächte und den Kontrollschacht gemäß Entwässerungsplan im Fachbuch **Lernfeld Bautechnik / Grundstufe** Seite ... in den Lageplan M 1:200 ein. Ergänzen Sie zur besseren Übersicht die Grundstücksgrenzen.

b) Geben Sie Gefällerichtung und Gefällegröße in der Skizze an.

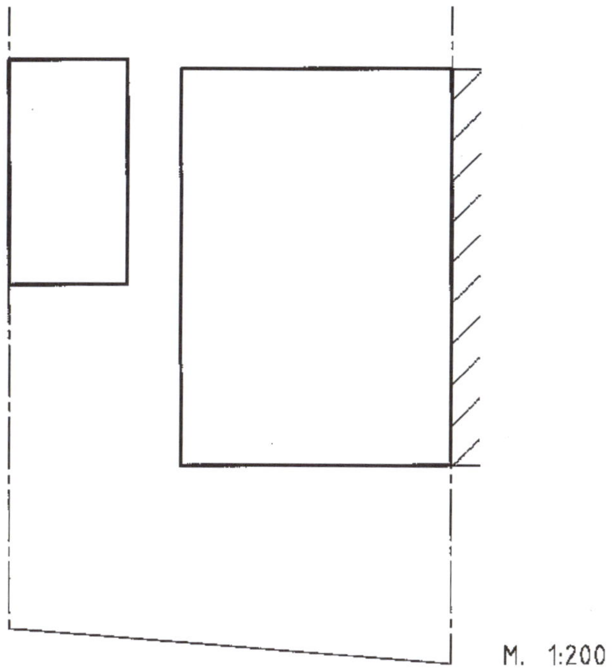

c) Wohin wird das Sickerwasser der Dränleitungen letztendlich abgeleitet?

d) Wie lang ist die Leitung zwischen Außenkante Fundament Nord und Kontrollschachtmitte? Die zur Berechnung notwendigen Zahlenangaben erhalten Sie aus dem Entwässerungsplan im Fachbuch.

Name: | Klasse: | Datum:

Vervielfältigungen, auch auszugsweise, selbst für Zwecke der eigenen Unterrichtsgestaltung, nur mit Genehmigung des Verlages Handwerk und Technik G.m.b.H., Hamburg